気象ブックス 044

島村　誠
SHIMAMURA　Makoto

気象・地震と鉄道防災

成山堂書店

はじめに

日本の鉄道技術は、自然条件が大きく異なる欧米から明治の初めに直輸入されて以来、南北に細長く急峻な地形のため様々な自然災害が頻繁に発生する国土のきびしい環境条件に適応する努力を絶え間なく続けながら発達してきた。

たとえば、黎明期には技術や資金の制約のためやむをえず災害を受けやすい場所に線路を通さなければならないことが多かったが、その後より安全な場所にルートを変更したり、貧弱な線路設備の取り替えや災害から線路を守る防護設備の設置など、いわゆるハード対策によって、少々の自然外力には耐えられるように設備が強化されている。また、まれにしか起こらない大きな外力に対しても、気象観測や情報技術を駆使したソフト対策によって、公共輸送機関としての自覚のもとに、安全を第一としながらも利用者に不便をかけないよう、鉄道各社はダイヤ乱れの防止に知恵を絞っている。その結果、日本の鉄道は世界に冠たる安全性と定時性を誇っている。

とは言いつつ、鉄道利用者は、台風や大雪、地震などのニュースに接するたびにまず列車ダイヤへの影響が心配になる。運悪くダイヤ乱れに遭遇して、「なぜ列車は『雨ニモ風ニモマケ』るのか？　いったい鉄道会社はどうやって運休を決めているのか？　もっとよいやり方はないのか？」とイライラした経験は誰にもあるはずだ。

気象、地震も鉄道も身近な話題であり、それぞれについてたくさんの解説書が出ている。しかし気象、地震と鉄道の関わりについて書かれた本となると意外に少ない。そこで本書では、主として鉄道実務技術者の立場から、鉄道における気象、地震への対応について解説した。

本書の概要を述べると、まず第1章では、様々な自然災害について、鉄道の安全を担うために必要な基礎知識と基本的考え方を整理した。また第2章では、直轄の専門技術者による土木構造物の維持管理体制を確立することで線路の防災強度を高めていった国鉄の業務近代化の過程を振り返った。また第3章では、安全の確保はもちろん、不必要な運休・遅延を回避するための重要な技術でもある災害時列車運転規制の基礎概念について述べ、これに続く第4章から第7章までの各章では、様々な災害事例やそれらを克服するための設備、技術やルールについて解説した。さらに第8章では、生きた樹木によるユニークな防災設備である鉄道林について紹介した。

鉄道という長い歴史をもつ交通機関が、気象や地震への対応という課題にどのように向き合い、事故や災害の教訓がどのように継承され、それらを踏まえて鉄道防災技術がどのように進化してきたのか、また、今後どのような方向に進もうとしているのか、などについて興味をお持ちの幅広い読者の皆さんにご一読いただけるならば幸いである。

2018年6月

島村　誠

目次

なお、本文中に挿入した写真は、以下の鉄道林のものである。

7 p　花輪線小屋の畑・荒屋新町間ふぶき防止林
9 p　磐越西線徳沢・豊実間なだれ防止林
29 p　宗谷本線塩狩・和寒間ふぶき防止林
105 p　五能線陸奥柳田・陸奥赤石間ふぶき防止林
105 p　陸羽東線堺田駅構内ふぶき防止林
119 p　奥羽本線関根・米沢間ふぶき防止林
129 p　信越本線犀潟・土底浜間ふぶき防止林
129 p　上越線土合・土樽間なだれ防止林

【撮影：増井洋介】

第1章

気象、地震の影響とその評価

台風や地震のニュースでは、その規模や強さ、位置などに加えて、交通機関への影響、なかでも鉄道の運行状況が真っ先に報じられることが多い。このように気象や地震と鉄道の関係は密接であり、社会の関心も高い。ここでは自然外力の鉄道への影響や、それらを事前に評価し対策を決定する方法について概観する。

1.1 気象、地震と鉄道の関係

気温、気圧や湿度、降雨量、降雪量、風速といった様々な気象や地震は、列車運行の安全性や快適性、鉄道の利用者数、営業収入、運転および維持管理の費用などに影響を与える。その原因となる気象因子、影響を受ける鉄道システムの構成要素、影響の態様はいずれも多様である。

たとえば、大雪の場合を考えてみよう。直接的には、除雪経費の増大、ダイヤ乱れや旅行の見合わせによる乗客数の減少といった影響が想定される一方、競争相手である航空便に欠航が発生するという間接的な影響によって逆に乗客数が増えて収入が増大するという展開も考えられる。また、降雪量や積雪

表 1.1　鉄道への気象の影響

事象	原因	気象（地震）条件
脱線・転覆	空気力 水理力 地震動 衝撃・乗り上げ	風、竜巻 洪水、津波、高波 地震 なだれ、落石、斜面崩壊、倒木
運休・遅延	運転規制 視程障害 制動・力行不足、滑走	雨、風、地震、洪水 雪、霧、煙、雨 低温、雪、雨、風
信号、通信、電力障害	浸水、破壊、劣化、閉塞	雷、雪、洪水、凍結、飛塩、降灰
線路の破壊、被覆	洗掘、地震動、なだれ、凍結融解、腐食、斜面崩壊、熱膨張	雨、洪水、雪、地震、異常気温
車両故障	浸水、凍結、衝撃	雨、洪水、雪、異常気温
建物被害	浸水、地震力、飛来物	洪水、雨、地震
作業安全性低下	疲労、注意力低下	雨、風、雪、異常気温
経費増大 収入減少	電力消費増大、保守量増大 旅行見合わせ、取扱貨物減少	異常気温、雪 異常気象一般

量が同じでも、雪国と寡雪地域、田舎と都会、気温が低い場合と高い場合、あるいは降積雪単独での影響と、異常な低温や強風を伴って猛烈な地ふぶきが発生するというように複数の悪条件が組み合わさった場合の影響とでは結果は大きく変わってくる。

気象の影響を鉄道経営全体として大局的視点から考える場合、上に述べた直接的影響と間接的影響、鉄道システムの構成要素や複数の気象因子の組み合わせ、といった条件を考慮すべきであり、特に、気象影響を単にネガティブな結果をもたらすリスクとしてだけではなく、巧みに対応することによってポジティブな経済価値を生み出しうるチャンスとして捉えることが当然あってよい。しかしながら、気象災害や地震から列車を守る技術を解説することを主たる目的とする本書の性格上、以下においては、基本的に、気象・地震が列車運行に与える直接的かつネガティブな「悪」影響に対象を限定して述べることとする。これら気象が鉄道に与える様々な影響は、その態様と原因によって表1・1のように分類することができる。

1.2 災害および防災の定義

人命や社会活動が何らかの外的な原因によって被害を受けることを「災害」という。災害のうち台風、突風、地震、津波、噴火など様々な自然現象に起因するものを「自然災害」と呼ぶ。これには火災や公害のような社会（人為）的原因によって起こる災害は含まれない。

鉄道業務での慣例として、列車の脱線や線路設備の破壊など重大な被害を引き起こす事象はもちろん、多少なりとも予定通りの列車運行が妨げられて運休や遅延を生じるというような、比較的軽微な被害事象を「災害」に含めることが多いのが一般の災害の定義とやや異なる点である。

また、橋りょうの鉄桁が潮風で腐食するとか、トンネルの覆工が地山の偏圧を受けて変形したり亀裂を生じるというような、自然現象に起因する現象であっても変状の進行が緩慢なため列車運行の安全を直ちに脅かす恐れのないものは災害とは呼ばないのが普通である。一方、地すべりのように進行が緩慢であっても運動の規模が大きいものや、落石のように規模は小さいけれども前触れなく突然発生して列車運行の安全を脅かすものは災害に含めることが多い。

右に述べた意味での災害を未然に防ぎ、列車運行への影響を軽減することを目的として遂行される業

務を本書では「防災」と呼ぶ。一般的な防災の定義との違いとして、すでに起こってしまった災害によって被害を受けた施設の復旧は本書においては防災の範ちゅうに含めない。
　鉄道における防災業務の大きな特徴として、対象とする空間範囲が広域的な路線全体にわたることと、列車運行の制御と直結していることが挙げられる。鉄道防災では、地震や竜巻といった個々の自然現象のいずれかだけではなく、路線の各地点で起きるかもしれない数多くの種類の災害現象に対して同時に注意を払う必要がある。また、重要なのは自然現象のメカニズムの理解や解明ではなく、列車を動かすか止めるかという判断の善悪あるいは損得である。ここが学術的な防災研究とは違う点である。
　航空機や船舶の操縦士には専門的な気象学の知識が不可欠であるのに対し、鉄道では個々の列車運行管理者や乗務員あるいは線路設備の保守責任者や防災担当者がそれぞれの担当業務を遂行する上で気象学あるいは地震学に関する一般常識以上の知識を要求されるということはめったにない。そのかわり、線路建設のルート選定に当たっては、その場所における災害発生の可能性について、最高の知見、技術にもとづいて検討することが要求される。また、列車運行、設備の備えの両面において、すでに確立された最新の科学的知見を踏まえた気象、地震に対する合理的な対応の方法が、専門知識なしに誰にでも実行できる標準化された作業手続きとして定められ、ルールに沿って業務が確実に遂行されることが重視される。
　業務の性格において、鉄道の防災と特に同質性、類似性および関連性が強いのが、線路構造物の維持管理（保守、メンテナンス）である。実際、鉄道が災害に耐えるために必要な条件と線路設備を永続的に維持管理するための条件とはほぼ同等であり、これらは互いに一方が他方のかなりの部分を包含する関係にある。

橋りょうを例にとると、河川の中の橋脚に洪水時の洗掘対策として根固め工を施すという防災対策と、雨水や潮風による腐食を防止するために鉄桁の塗装の塗り替えを行うという維持管理業務は、自然外力に対抗するという点においては同質であり、問題となる外力の襲来あるいは影響が急激なものか緩慢なものかの違いがあるだけである。

さらに技術の方法論においては、個々の千差万別な現実の状況に関するデータから帰納的な推論にもとづいて意思決定することが求められる点において維持管理と防災は似ている。これに対して、同じ土木技術でも、一般的な設計原理にもとづく演繹推論に立脚して業務を遂行する建設と、帰納法を拠り所とする維持管理とでは性格の違いが大きい。

以上に述べたような様々な背景もあって、鉄道では、防災といえば、ほぼ線路構造物の維持管理と担当する人や組織が重なる。したがって、災害リスクの評価、防災への設備投資計画、災害時の列車運転規制基準の策定や改訂といった防災業務における重要な意思決定の責任と主導権を、第一義的には、実際に目に見える列車運行をつかさどる輸送や車両の担当部門ではなく、それを陰で支える線路構造物（とりわけ外力に対抗し列車荷重を支える役割を担う土木構造物）を管理する部門がにぎっている。これが、ターミナル部分以外に専用通路として利用できる固定設備をもたない（したがって、それらを維持管理する必要もない）海運や航空と違う点である。

1.3 誘因による災害の分類

自然災害は、「誘因」と「素因」の二つの要因の組み合わせによって発生すると捉えることができる。誘因とは、災害を引き起こす引き金（危険源）となる自然現象のことをいい、ハザードとよばれる。その主なものには大雨、強風、地震、火山噴火、気候異変などがある。素因には、地形や地盤条件など地球表面の性質に関わる自然素因と、人間及び人間が作った社会システム（本書の場合は鉄道）に関わる社会的素因とがある。

誘因から見ると、自然災害は大きく、大気中における諸現象によって生ずる気象災害と、固体地球内部における諸現象に起因する地震・火山災害とに分けられる。気象災害の主要なものは、大雨と強風を誘因として水、大気、土砂が運動することによって生ずる風水害である。

災害の大部分は短時間現象であるが、異常な気候状態の持続による干ばつ、冷害のように、長時間かけて発展するものもある。地震は地盤の強震動、変形や土砂、水の運動を引き起こして、また火災などの二次的現象を発生させて、多様な被害を与える。風水害に比べ発生頻度は小さいものの、大規模な災害を引き起こす。

土砂（の移動による）災害の多くは、大雨および地震が誘因となって発生する。火山噴火によって生ずる現象の大部分は噴出物質（いわば土砂）の移動である。以下に、ハザードを一次的自然現象とそれによって引き起こされる二次的災害現象の二つの階層で分けた分類を示す。

気象ハザード

雨

・大雨、集中豪雨、長雨
・河川洪水、内水氾濫
・斜面崩壊、土石流、地すべり

雪

・積雪、なだれ、ふぶき
・ひょう、霜

風

・強風、突風（竜巻など）
・高潮、波浪、海岸浸食

雷

・落雷、林野火災

気候

・異常高温、異常低温（凍結）

地震・火山ハザード

地震

・地盤震動、液状化

・津波
・斜面崩壊、岩屑流
・地震火災

噴火

・降灰、噴石
・溶岩流、火砕流
・山体崩壊、泥流
・津波

これらのハザードのうち、雨、雪、風、地震など、上位の階層のものは、基本的に日本全国の広い範囲にわたってどこにでも生起する現象であるが、それらの下の階層に分類されるもの（たとえば、斜面崩壊やなだれなど）は、上位のハザードに従属して連鎖的に発生するもので、発生する場所の自然素因の種類や空間的な広がりがより小さな範囲に限定される。

1.4 地形素因による分類

ハザードの発生条件を規定する自然素因のうち最も重要なものは、地形素因である。地形素因とハザード発生の対応関係を手がかりにすることで、任意の場所で発生する可能性のあるハザードの種類およびその可能性の大きさの程度をある程度予測することができる。地形素因に対応するハザードには次のようなものがある。

海岸地形ハザード

・波（飛沫、高波、高潮、津波）
・侵食
・堆積（海岸堆積、漂砂、流木・流下物）

河川地形ハザード

・地表流
・流量（河川流量の急増、河川水位の急上昇）
・侵食

山地地形ハザード

・落石
・土砂崩壊
・岩盤崩壊
・地すべり
・土石流、土砂流

表層地形ハザード

・地下水変化（地下水位変化、湧水、パイピング、噴泥、液状化、噴砂）
・沈下（陥没・落盤、地盤沈下、荷重沈下）

火山地形ハザード

・爆発等（火山ガス噴出、水蒸気爆発、マグマ水蒸気爆発）
・火砕物降下
・火砕流
・溶岩噴出
・火山岩屑流
・随伴現象（地熱変化、空振、火山性地震、火山性地殻変動、火山性津波）

ところで、ハザードという言葉の語義は「危険」であって、これは明らかに人間の視点を前提とした概念である。一方、地球科学では、人間とは無関係に、地球表面の状態を変化させる能力のある自然の媒体、すなわち地形形成力の一切を「営力」とよんでいる。つまり地形とは、地殻運動や火山活動によって起伏を生じた地球表面に、流水・風などの各種の営力による浸食・運搬・堆積の諸作用が加わって形成されてきたものである。また、ハザードと営力は、作用の対象に人間生存の場が含まれるか否かの違いを除いて、実体としてはほぼ同一のものと捉えることができる。

地形変化には、褶曲や地盤の隆起・沈降のように非常にゆっくりだが持続的なものと、火山活動や斜

面崩壊・土石流・洪水などによる土砂の移動のように断続的に激しく生ずるものとがある。急激な地形変化が人間生存の場に生じると、しばしば災害を引き起こすことになるが、緩慢で持続的な地形変化も長期的に災害環境を悪化させることがある。

いずれにせよ、災害の素因としての地形とそれを形成せしめる営力、すなわち災害の誘因としてのハザードとの間には規則的な対応関係があり、地形は、いわば災害の累積によって作り上げられたものでもあるから、現在の地形とそれを構成する地層の情報を手掛かりとして、過去の災害の経過を知ることができる。また、そのプロセスは地形の性質に従って将来も繰り返されると考えることができるので、その場所が将来において受けやすい災害の種類や危険の程度を予測することが可能になる。

1.5 物質移動及び施設被害の様式による分類

災害はまた、ハザードによって生じる被害の様式によっても分類することができる。

閉塞災害：物質の空中での移動・拡散による災害

・視程悪化（濃霧、豪雨、ふぶきなど）
・物体飛散（強風、竜巻などに伴う大気擾乱、枝葉・砂塵・人工物飛散）
・地物振動（強風、竜巻、地震動などによる構造物や樹木の振動）
・有毒大気（火山ガスなど）

被覆災害：物質の堆積・定着による災害

・岩体定着（岩盤崩落、地すべり、熔岩流などに伴う岩体（径数十メートル以上）の定着）
・岩塊堆積（河川氾濫、津波、落石、岩盤崩落、地すべり、土石流などによる岩塊（径数メートル以下）の堆積）
・砂礫堆積（強風、河川氾濫、高波、津波、落石、土砂崩壊、土石流、火山灰降下などによる土砂の堆積）
・流送物体堆積（強風、河川氾濫、高潮、津波などによる流送物体（流木・廃棄物など）の堆積）
・流水・冠水（河川氾濫、高波、高潮、津波などに伴う土地の冠水）
・冠雪（豪雪、積雪、なだれ、ふぶき、雪泥流）
・着氷・凍結（着氷・凍結・凍上・霜柱とそれらの融解）
・着塩（強風による飛塩や海水の冠水による着塩）

破壊災害：浸食、集団移動（マスムーブメント）や変動変位による災害

・地盤破壊（各種の侵蝕、集団移動、火山活動、地震などによる自然地盤の破壊・変形に伴う地形変化）
・施設破壊（あらゆるハザードによる構造物の変位・破壊・消失とそれらに伴う人命損傷）
・動体破壊（あらゆるハザードによる動体（車両、自動車、船舶、航空機）の脱線・転覆・衝突・墜落）

劣化災害：風化に伴う物質の強度低下による災害

・地盤劣化（あらゆるハザードによる自然地盤の変位、強度劣化、含水比、地下水位などの変化に伴う地盤の劣化）
・構造物劣化（あらゆるハザードによる構造物の変位、振動、風化、疲労、強度低下）

・生物相異常（森林などの植生の消失、動植物の不都合な繁茂・繁殖による生活・生産活動・交通機能の機能喪失、環境劣化）

1.6 災害因子による危険度のランク付け

個々のハザードが発生したとき、それがもたらす被害の大きさに影響するハザードの諸性質を災害因子と呼ぶ。災害因子には次のようなものがある。

・予測可能性：発生の場所及び時期が予測可能であれば危険度は低い。
・既知性：発生メカニズムが明確に解明されている、あるいは経験的に既知なハザードは、未知のハザードに比べて災害対策を講じることが容易であるから危険度は低い。
・制御可能性：ハザードに対する防災対策の有効性が高ければ危険度は低い。
・襲来速度：ハザードによる物質の最大移動速度であり、高速であるほど発生時の避難が困難であるから、危険度は高い。
・予報の余裕時間：災害発生の直前予報の最小時間であり、その時間が短いほど危険度は高い。
・継続時間：一連一回のハザードの継続時間であり、長時間であるほど影響が長期に及ぶので危険度は高い。
・影響範囲：一連一回のハザードの及ぶ範囲が大きいほど危険度は高い。
・避難難度：ハザードの直撃による人命の直接的損傷を回避するための避難が困難なハザードほど危険度

が高い。
・復旧難度：被災によって生じる費用や復旧難度（例：鉄道運休時間、構造物復旧に要する日数など）が大きいほど危険度は高い。

1.7 措置

災害を防止するための措置は、大きく「ハード対策」と「ソフト対策」の二つに区分できる。ハード対策は、構造物や設備などの物理力によってハザードに対抗する被害軽減の方法を指し、英語では structural measures の語が当てられる。これに対して、ソフト対策（non-structural measures）は物理力によらない被害軽減方法を指す。

多くの場合、災害の発生を防止し列車運行の定時性を確保する効果においてハード対策の方がソフト対策より優れている。しかし自然条件がきびしい災害の多発線区は、たいてい同時に経営条件がきびしい閑散線区でもあり、防災対策を多額の投資を必要とするハード対策のみによって賄うのは現実的でない。したがって、災害に対する列車運行の安全性、定時性および防災対策に投じる経費を適切にバランスさせる上で、ハード対策とソフト対策の使い分けや役割分担は、経営上重要な決定事項となる。各区分の具体的な対策選択肢には下記のものがある。

ハード対策

・ハザードの除去（除雪、つらら落し、浮石整理、支障木伐採など。主として各種の閉塞災害や被覆災害を引き起こすハザードに対して予防的あるいは事後的に実施する。）
・修繕（破損、劣化あるいは機能低下をきたした構造物や設備を元の状態に繕い直す。）
・補強（耐力や機能の不足している構造物や設備を増強する。）
・防護設備増設（防災を目的として付加的な構造物や設備を新たに設置する。）
・取替え（既存の構造物や設備を新たなものに更新する。）
・ルート変更（線路を一定区間にわたって新たな位置に付け替える。）

ソフト対策

・警備・モニタリング（計測器や人の目によって線路の状態を監視することによって災害の発生を把握し、危険と判断した場合に列車運転を中止する。）
・運転規制（ハザードの計測を行い、危険な状態に達した場合に列車の運転速度を制限あるいは列車運転を中止する。）
・保険（将来の損失を補填する目的であらかじめ資金を拠出する。）
・防災教育・訓練（災害発生時の対応力を高めるための学習や練習を行う。）
・避難システム（安全な場所への退避のための観測体制、警報基準、ハザードマップ、情報伝達、避難路や避難設備の整備など。）

1.8 リスクアセスメント

災害の予測

前節で述べた災害因子のうち、防災上最も重要なのは、「予測可能性」である。なぜなら、予測さえできれば大抵の場合、ハザードに対してあらかじめ対策を講じることによって災害を回避・軽減することが可能だからである。

つまりトリガーとなるハザードの発生予測ができないために災害が引き起こされるのであり、因果律のメカニズム以外の予測不可能な偶然性によって大きく支配されることこそがハザードの本質的な特徴である。

科学は、複雑かつ多様な自然現象のメカニズムを小さな単位ごとに詳細かつ精密に把握しようとする方向に発展するとともに、研究分野の専門化、細分化がどんどん進んでいる。しかし、前述の理由により、メカニズムを究明するだけでは災害のピンポイント予測にはなかなかつながっていないのが実情である。

災害のピンポイント予測は、その実現に対する人々の願望が大きく、注目度の高い話題であるのに対し、本書のテーマの一つである荒天下での列車の運行の可否判断のような日常的な意思決定において実際に用いられる予測はこれとは大きく性格が異なる。すなわち、

・時間的・空間的には点ではなく、ある程度の大きさをもった期間や区域を対象とし、

・予測原理として、メカニズムではなく経験データを根拠とし、
・特定の災害の発生を予測するのではなく、災害が発生しない「非発生」確率を推定する

といった特徴をもつ。仮にこれを本書においては、「非発生予測」と呼ぶことにすると、日常、そもそもこれが「予測」であること自体が意識されることが少ないが、任意の線路区間がある期間において、過去の観測、経験データにもとづいて、列車の運行に支障する可能性がない安全な状態にあるかどうかを推定し、その結果にもとづいて列車運行の可否を判断する、という実務の流れにおいてきわめて重要な役割を担う技術であることは容易に理解できるであろう。

鉄道は広い範囲の地理空間にまたがる線状設備であり、様々な種類の災害の危険性に同時に曝されているので、災害予測の対象をピンポイントに狭い範囲の特定の災害だけに限定することは、鉄道防災の実務において、不可能であるだけでなく、基本的に不必要だし、大局的視点ではむしろ有害でさえある。ここに鉄道防災における「非発生予測」にもとづく俯瞰的な危険性評価と巨視的・長期的な災害予測の必要性および可能性が同時に指摘できる。

リスクアセスメントとは

過去における防災対策は、分野を問わずもっぱら「二度あることは三度ある」といった素朴な経験的思考にもとづいて、実際に発生した災害や事故の事後対策として行われるのが通例だった。

近年に至り、ハザードの観測体制と、観測によって取得されたに統計データの整備が飛躍的に進んだことにより、少なくともたびたび観測されるハザードについては、ピンポイントの予知は依然として難

しいものの、確率的あるいは長期的な予測を行うことは可能になった。たとえば、「○○県××市のある地点で、今後三十年以内に震度6弱以上の大きさの地震動が観測される確率は70％」といった具合である。

このような非確定的な情報にもとづいて、これまで長きにわたって問い続けられた“How safe is safe enough?”（「どれほどの安全水準ならば十分安全なのか？」）という困難な問いに関して、災害・事故が発生してからではなく、事前の対策に対する最適な意思決定を導き出そうとするのがリスクアセスメントという発想である。

リスクアセスメントでは、まず、「危害をもたらすもの（原因）」であるハザードに対し、「危害の発生確率と危害のもたらす結果の重大性（ひどさ）の組み合わせ」を「リスク」として定義し[01]、リスクの大きさを災害対策の必要性の評価や優先順位の決定のための尺度として用いる。そして、世の中に絶対安全（＝ゼロリスク）はありえないという立場から、「受け入れ不可能なリスクがないこと」を「安全」とみなす。

ここで、「受け入れ可能なリスク」とは、落下してきた隕石とぶつかって死ぬリスクのように、確かにゼロではないが万人にとって無視してかまわないほど小さく、現実に広く世の中に受け入れられているレベルのリスクを意味する。

これに対し、自動車の運転を考えてみると、交通事故で亡くなったり怪我をする人の数を考えれば、到底誰もが受け入れるような小さなリスクとは考えられないが、利便性と危険性を天秤にかけて、自己責任で運転しているということである。このように、安全方策を施す手段がなかったり、便益と比較してコストがかかりすぎて非現実的であるため、仕方がないから受け入れようというレベルのリスクを「許容可能なリスク」という。

リスクアセスメントの最終的な目的は、許容不可能なリスクに対し、「ALARPの原則」にもとづいて目標レベル（理想的には「受け入れ可能なレベル」）までリスクを低減させる方策を決定することである。これは、"As Low As Reasonably Practicable" の頭文字をとったもので、「合理的に実現可能な範囲内でリスクをできるだけ低減させるべきである」という考え方を意味している。

リスクアセスメントの手順

リスクアセスメントの基本的な手順は、おおよそ以下のとおりである。

・手順1：危険性の特定（人や設備、環境などについて危険性をもたらすハザードを特定する。）

・手順2：ハザードごとのリスク見積り（特定したすべてハザードについてリスク見積りを行う。リスク見積りは、特定されたハザードによって生ずるおそれのある災害の重大性と発生確率の組み合わせで行う。）

・手順3：リスク低減策の優先度の設定（候補とするリスク低減策に対し、見積られたリスクにもとづいて優先度を設定する。）

・手順4：リスク低減措置の実施（リスクの優先度の設定の結果にしたがい、リスクの除去や低減措置を実施する。）

＊01 ISO/IEC Guide51:2014 "Safety aspects: Guidelines for their inclusion in standards" による。

右記の四つの手順のうち最も難しいのが、手順2の後半において特定したハザードの発生確率とハザードが発生した場合の災害の重大度を求め、さらにそれらの組み合わせによってリスクを算出する部分である。特に、ハザードの発生確率は、客観的な推定の根拠とするのに必要なデータをそろえることが往々にして困難であるし、リスクの算出に用いるハザードの発生確率と災害の重大性の組み合わせ方法の選定は、意思決定者の主観的な選好に大きく依存するため、万人に受け入れられるような規範を打ちたてることはほとんど不可能である。

このような問題があるものの、関係者間で合意された方法にもとづく定量的な表現を用いて算出し、数値そのものはあくまで概略的なものと割り切った上で、ステークホルダー間の情報共有と意思疎通の手段として用いるのであれば、リスク見積りの利用価値は小さくない。代表的なリスクの見積り方法として、マトリクスを用いた方法と数値化による加算法の二つがある。

・マトリクスを用いた方法：重大度と確率をそれぞれ横軸と縦軸とした表（行列：マトリクス）に、あらかじめ重大度と確率に応じたリスクの程度を割り付けておき、見積対象となる重大度に該当する列を選び、次に確率に該当する行を選ぶことにより、リスクを見積もる方法
・数値化による加算法：重大度と確率を一定の尺度によりそれぞれ数値化し、それらを数値演算（かけ算、足し算等）してリスクを見積もる方法

鉄道防災への適用例として、ＪＲ東日本では、１９９０年3月に作成した『土工等設備検査の知識』

■斜面災害等に対する総合的なリスク評価手法の一例

重大性	想定される事故形態　注）
0	運転支障する恐れの小さいもの
1	運転支障する可能性はあるが、脱線の可能性は小さいもの
5	脱線の可能性はあるが、転覆・衝撃等の恐れは小さいもの
50	脱線の可能性があり、転覆・衝撃等の恐れがあるもの
100	脱線の可能性があり、転落・対向列車との衝突の恐れがあるもの

確率	起こりやすさのイメージ
0	●まったく災害の発生する恐れがない。
1	●よほどのことでは考えられないまれにある豪雨、台風、豪雪等の時に心配になる。（まれとは、10～数十年に1回ある程度をいう。） ●鉄道人生で1回経験するかしないかという程度
2	●平年より梅雨、台風、降雪などによる雨または雪の多い年には心配になる。
4	●毎年の梅雨、台風、降雪など毎年繰り返される時期になると心配になる。
8	●いつ起こるかと毎日心配している。 ●毎日気掛かりである。 ●固定警備をしている箇所である。

リスク＝確率×重大性

		重大性				
		0	1	5	50	100
確率	0	0	0	0	0	0
	1	0	1	5	50	100
	2	0	2	10	100	200
	4	0	4	20	200	400
	8	0	8	40	400	800

注）想定される事故形態

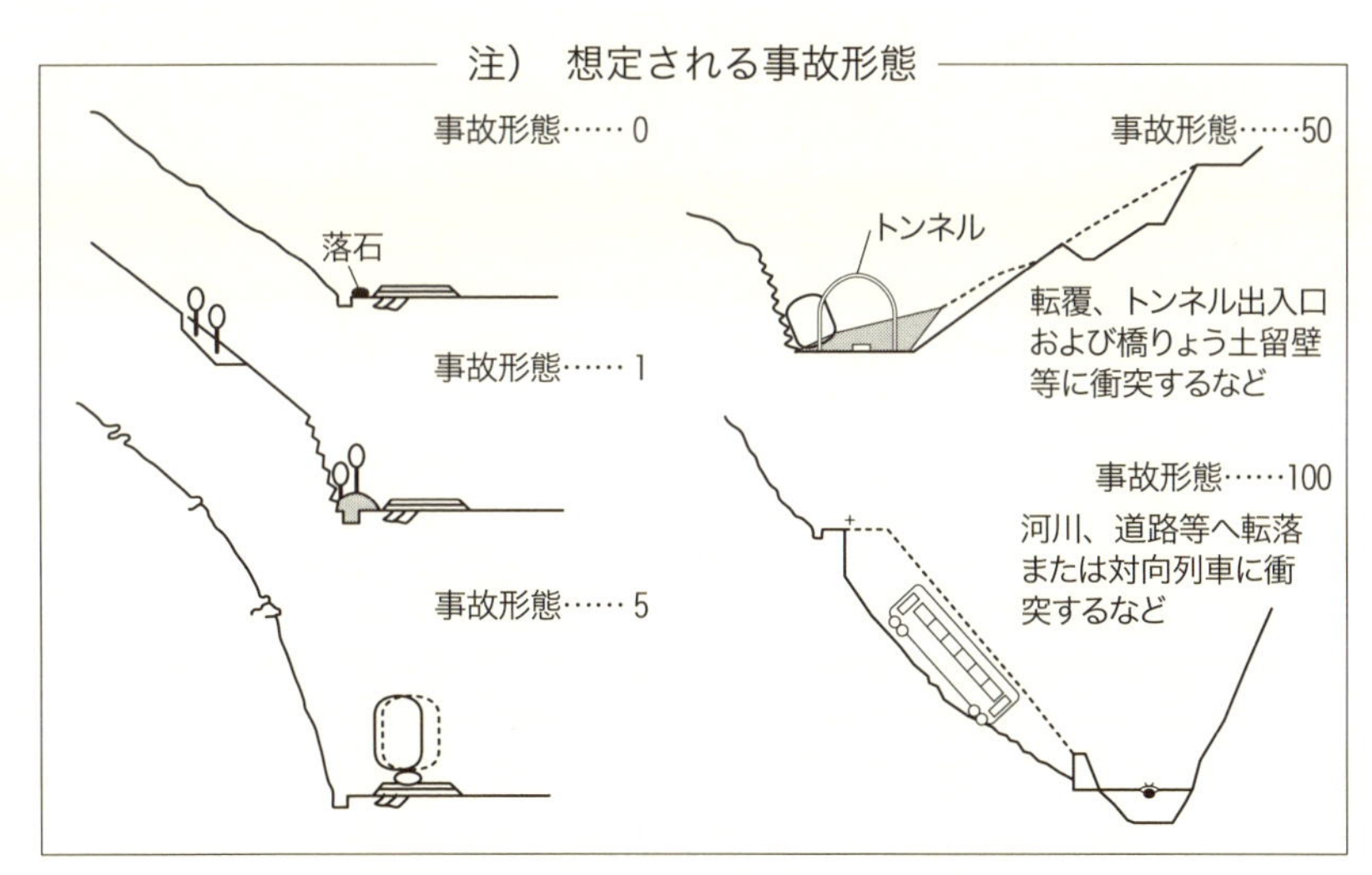

図1.1　土砂災害に対するリスク見積りの例
（出典：JR東日本『土工等設備検査の知識』）

において、土砂災害を対象として、図1・1のようなリスク見積り方法を提案している。

1.9 低頻度ハザードにどう備えるか

防災に関わるシステムの設計やオペレーションの基準を決めるにあたってきわめて重要なのが、事前にどのような災害を想定するか、言い換えると、どのくらいのリスクまでを許容するかを決めることである。残念ながら実際には、この分野におけるイノベーションは、ほとんど常に、それまで経験しなかった災害を実際に経験した後に起こっている。

寺田寅彦は、「ものをこわがらな過ぎたり、こわがり過ぎたりするのはやさしいが、正当にこわがることはなかなかむつかしい」と述べている*02。地震対策がいい例で、東海道新幹線は、開業のわずか3か月前に新潟地震が起きるまで地震時に列車を自動的に止めるシステムの計画はなかった。また1994年1月17日に発生したノースリッジ地震では、破壊した高速道路の橋脚を調査した日本の地震工学専門家が、『日本では耐震技術が進んでいるので、こんなことは起こりえない』という趣旨の発言をしていたが、ちょうど1年後に発生した兵庫県南部地震での被害はさらに甚大であった。

もっとも、防災のイノベーションが事後対策になりがちなのには、それなりの理由がある。まず第一に、鉄道のような歴史が長く、大量のインフラを抱え、かつ一瞬も途切れることなく運営している組織では、新しい技術のシーズやニーズが存在しても、現状維持の慣性が非常に大きいため、誰の目にも明らかなクライシスのエネルギーが外から与えられなければ、その慣性を振りきることが難しいという事情がある。

また、本質的な安全性の担保として、「フェールセーフ」の仕組みが有効に機能する鉄道信号のような分野と異なり、防災では、十分安全かどうかは、リスクが許容可能かどうかで判断せざるを得ない。この概念は、その定義として想定される事象による被害の酷さと確率の組み合わせが許容できるかどうか、ということになるが、これを決めるのが、ある種の自然災害のように非常に小さな確率が関わるときには特に難しい。

東日本大震災は、それまで幾多の困難を乗り越えて経済発展をなし遂げ、安全・安心な社会の構築にまい進してきたはずだった現代日本社会のあり方を大きく揺るがす未曾有の大災害となった。特に大きな衝撃を社会に与えたのは、地震が引き起こした巨大津波による多数の犠牲者と甚大な被害、そして原発事故の発生だった。

鉄道の乗客・乗員に人的被害が生じなかったのは不幸中の幸いであったが、それは、しかるべく備えた結果というよりは、むしろ数々の幸運のおかげであり、遠くない将来に発生が予想される南海トラフ巨大地震や首都直下地震に対する防災対策を講じるうえで多くの示唆を与えるとともに、今回の巨大津波のように「ありえない」と思われていた災害にいかに備えるべきかという根本的な問題を私たちに突きつけた。

＊02 『小爆発二件』寺田寅彦随筆集 第五巻 岩波文庫

原発の安全評価

鉄道と原子力発電所は、システムの性質や用いられている技術が大きく異なる。しかしながら、安全評価のあり方については、鉄道技術者が今回の事故から学ぶべき教訓が少なくない。報道等によれば、福島第一原子力発電所の事故は、①地震の発生により外部電源のすべてが失われ、これを引き金として非常用ディーゼル発電機が正常に自動起動し、運転員も直ちに緊急冷却操作に入ったが、②約1時間後に到達した津波によってふたたび全交流電源を喪失し、さらに津波は海水ポンプのみならずタービン建屋にも冠水をもたらしてポンプ類の使用が不可能となり、中央制御室も停電となった結果すべての操作が困難となったことによって引き起こされた。

従来の日本の原発の安全審査では、ある種の事象は絶対に起きないと仮定する決定論的安全評価が主として用いられており、前記①の事態は想定されているが、②は想定されていなかった。一方、近年になって、発生しうるあらゆる危険事象（ハザード）を対象として発生頻度と発生時の影響を定量評価し、その組み合わせである「リスク（危険度）」の大きさで安全性の度合いを評価する確率論的安全評価（PSA: Probabilistic Safety Assessment）が補助的な手法として導入されるようになった。

独立行政法人原子力安全基盤機構は２０１０年12月の報告書において、福島第一原子力発電所と同じ炉型について津波ＰＳＡの試解析を行っており、その結果によれば、今回のような津波を受けた場合、ほぼ確実に現在のような状態あるいはさらに深刻な事態に至ることが示されていた。事前に推定されていた事象発生時の影響が実際の現象によって検証されたという点では、今回の事故は原発の安全評価の考え方を根底から揺るがすものではなく、むしろ、従来補助的手法にとどまっていたＰＳＡについて、より大きな有用性を主張するに足る科学的根拠を与えるものであったと考えることができる。

巨大災害の予測はなぜ難しいか

問題は津波の発生頻度に対する推定が明らかに間違っていたことである。福島第一原子力発電所の安全審査は、原子炉建屋内の機器を損傷させるような津波は来ないとの前提の下に進められており、PSAでもそのような津波は数十万年に一度しか来ないとされていた。その推定が全くの誤りであったことは現実に起きたことによって明白となった。ある意味でその過誤の大きさは、巨大津波が起きたことそのものにも匹敵する衝撃的なものである。

この津波がなぜ想定すらされていなかったのかについて考える際、津波という現象に固有な物理的特性に立ち入る前に、すべての低頻度事象の予測に共通する以下のような問題を考慮することが必要である。

(1) 頻度推定の困難性

頻度とは、母集団に対する事象の出現比率のことであり、最も単純素朴には、出現数と試行数の比を推定量として求めることができる。しかし、この推定を少数の試行にもとづいて行う場合(1万年に一度の事象をわずか100年分のデータで評価するなど)、結果に大きな誤差を伴うことは避けがたい。しかも、実際の発生頻度が非常に小さければ、その推定誤差を事前に見積もるための実際的な方法はない。A・ワインバーグは、たとえば原子炉一つあたり毎年10^{-7}のような事故率は科学によっては答えられない「トランス・サイエンス問題」の典型であり、それを確かめるには1、000の原子炉を作って1

万年運転し、その運転記録を調べねばならない、と主張した。

(2) まれな事象の予測困難性

めったに起きないことが起きることを言い当てることの難しさについて、次のような簡単な例で説明してみよう。

いま、1万人あたり1人が罹っていると考えられるあるまれな病気に対して、被験者がこの病気に罹っていれば100%確実に陽性となり、罹っていなければ1%しか陽性にならない検査法があるとする。つまり、「見逃し」が全くなく、「空振り」が1%しかないという、ほぼ完璧な検査法なのだが、この検査法によって陽性という結果が出た時、被験者がこの病気に罹っている確率はどれくらいなのだろう? 実は、その値は予想外に小さい。

陽性になった被験者がこの病気に罹っている確率というのは、陽性になった被験者数のうち実際に病気に罹っている人が占める人数の割合であると解釈できるが、ここで、陽性には病気に罹っている人が陽性になる「真陽性」と病気でない人が誤って陽性になる「偽陽性」とがあることに注意する必要がある。

この例の場合、1万人の被験者のうち真陽性は1人だが、病気に罹っていない9,999人中の1%にあたる約100人が偽陽性になる。したがって、真陽性と偽陽性を合わせた全陽性者中に真陽性者の占める割合は$\frac{1}{1+100} \approx 0.01$、つまり陽性になった被験者が病気に罹っている確率はわずか約1%でしかない。「検査結果が陽性なら病気に罹っている」という推論は、全く当たっていないことになる。

一方、この病気の罹患率が10人に1人の割合なら、1万人の被験者中真陽性は1000人、偽陽性は

9000×0.01＝90人なので、陽性の人がこの病気に罹っている確率は、$\frac{1000}{1000+90} \approx 0.92$となる。つまり、検査の性能が同じでも、まれな病気かありふれた病気かによって検査結果の信頼度は大きく違ってくるのである。

同様に、自然災害の発生を何らかの方法を用いて予測したり警報を出したりする場合、その予測や警報がどれだけ信頼できるかは、予測や警報に用いられる技術そのものの性能だけではなく、予測や警報の対象となる自然災害の発生がどれだけ稀な事象であるかに大きく影響されるという点を忘れてはならない。

(3) ブラックスワン

前記の検査法ないし予測器の性能を高めるために、通常は経験的データの蓄積にもとづく帰納的推論が用いられる。しかし、南半球には北半球の白い白鳥のデータをいくら積み重ねてもその存在が予測できない黒い白鳥が生息しているように、低頻度事象のなかには通常観測されるデータの範囲から極端に外れるものが存在し、それらは経験データからは予見できない。

このような極端事象を、正規分布でその変動が表現できるような通常の事象にしか適用できない経験的手法で予測すると、予測結果に対する誤った確信を増大させて極端事象の発生時に必要以上に大きな衝撃を社会に与える。このことを、N・タレブは2007年に出版され、その直後にサブプライム問題が顕在化してベストセラーになった『ブラック・スワン』の中で、「毎日たんまり餌をもらって暮らしている経験主義的な七面鳥は、日ごとに『世界は気前よく餌をくれる人間でいっぱいだ』という世界観への確信を強めることだろう。しかし、その世界観は感謝祭の朝、飼い主の手が首にかかった瞬間に崩

壊する。」という寓話を用いて説明している。
タレブによれば、「ブラックスワン」は、予測できないこと、非常に強いインパクトをもたらすことに加えて、いったん起きてしまうと、いかにもそれらしい説明がなされ、実際よりも想定外には見えなくなったり、最初からわかっていたような気にさせられたりする、という特徴を持つ。

「ありえない」はありえない

想定外を経験することから学べるのは、たかだか次の巨大災害もまた、想定外に満ちた形で襲ってくるだろうという予測を立てることくらいだ、と言ったら言い過ぎだろうか。防災は科学的な根拠にもとづく技術であるべきであり、安易に想定外を言い訳に使うのは技術の挫折に他ならない。しかし、だからといって、起こりうるすべての事象を想定内として、それらすべてに対して完璧な安全対策を講じなければならないということにはならないはずだ。

今から6、550万年前、火星と木星の間に母天体同士の偶発的な衝突によって生じた小惑星がメキシコのユカタン半島に秒速20キロの速度で落下して広島型原爆の10億倍のエネルギーを放出し、東北地方太平洋沖地震の1、000倍のエネルギーを持つマグニチュード11の地震と最大波高300メートルの津波を引き起こした。そして衝突時に発生した塵が大気中を覆い、以降、数万年にわたって地球は暗闇に支配され、当時地球上に生息していた恐竜をはじめとする生物種の大部分が絶滅した。

人類のあらゆる企てを全然拒絶するこのような極端事象を防災の対象として「想定する」ことは無意味であり、せいぜいできることといえば、C・マリス曰く、「現在こうしていられることを幸福と感じ、地球上で生起している数限りない事象を前にして謙虚たること、そういった思いとともに缶ビールを空けることくらいである。リラックスしようではないか。地球上にいることをよしとしようではないか。」[*03]

*03 『マリス博士の奇想天外な人生』キャリー・マリス（著）福岡伸一（翻訳）ハヤカワ文庫NF

第２章

国鉄における防災業務の変遷

明治から続く線路をどうやって守ってきたか

防災および土木構造物の維持管理業務は、鉄道の長い歴史の中で今日まで様々に変遷してきたが、単に歴史が長いだけでなく、決められた期間ごとに新品に取り替えながら使うレールや車両などと異なり、土木構造物は、開業時から同じものを使い続けていることも少なくないことから、個々の土木構造物の建設当時の事情や、その後の維持管理の履歴を踏まえることが特に重要である。

現在のＪＲ旅客鉄道各社（北海道、東日本、東海、西日本、四国、九州）における防災および土木構造物維持管理は、それぞれの経営環境に合わせて独自に工夫された技術やルール、組織にもとづいて運営されているが、各社共通の基礎を承継元の法人である日本国有鉄道（国鉄）の業務体制に負っている。また、ＪＲ各社以外の鉄道事業者においても、国鉄の技術や業務体制は、自社の業務運営を推進する上において、必ずしもお手本ではないまでも常に参考情報として利用される対象であった。ここでは、鉄道建設の草創期から国鉄の分割民営化に至るまでの期間における線路建設の経緯、防災および維持管理に関する組織、制度の整備ならびにこれらを踏まえた防災設備投資の進展とその成果について述べる。

2.1 なぜ災害が多いか

明治新政府にとって、南北に細長く急峻な山地や急流河川に阻まれた国土の地形的悪条件を克服して早急な近代国家への脱皮を図るうえで、欧米列強と比べて貧弱な陸上交通インフラの改善を図ることが急務であった。そのため、欧米諸国から技術導入を図りながら鉄道建設を強力に推進した結果、全国の鉄道網の骨格は第二次世界大戦前にほぼ完成した。つまり、現在まで営業を続けている鉄道各線のかなりの部分は、ルートも構造物も戦前までにできた基本構造によって支えられているのである。このことは、鉄道防災および構造物維持管理業務を考える上で忘れてはならない点である。

これらの鉄道網を構成する線路の路線設定に当たって考慮すべき重要な条件として、下記のものが重要であった。

- なるべく多くの重要な拠点をもれなく連結する。
- 拠点間の運転所要時間をなるべく短くする。
- 建設に要する費用および期間をなるべく小さくする。
- 路線の維持管理費用をなるべく小さくする。
- 災害による事故や不通が発生する恐れをなるべく小さくする。

日本は災害国であり、鉄道が災害を受けやすいのは不思議でないが、もう少し詳しく分析すると、その背景に国土および鉄道建設の経緯に関わる次のような要因が浮かび上がる。

・台風や地震など災害を引き起こす自然現象が活発である。
・平地に比べ傾斜地が多く、地形が急峻である。
・線路構造が貧弱である。

つまり防災上の観点から見ると、日本の鉄道はいわば気象・地勢・構造の三重苦に生まれついているようなものである。

当時の技術水準や資金力によって短期間で鉄道路線を厳しい地形条件を有する国土のすみずみまで建設するため、路線選定において最優先されたのは、技術的に困難かつ長期の施工と多額の費用を要する橋りょうやトンネルを可能な限り短くすることであった。特に、数キロメートルに及ぶような長大トンネルの建設は、技術的に困難であっただけでなく、仮に可能だとしても、蒸気機関車の時代には万が一トンネル内で列車が立ち往生すれば乗客・乗員が窒息してしまう危険さえあったため、極力避けなければならなかった。

そこで、これら初期に敷設された各路線は、当時の技術的・資金的制約条件の下で次のような地形条件ごとの原則にしたがって建設されることになった。このことが開業後今日に到るまでそれらの線路の防災あるいは維持管理上の宿痾となって担当者を悩ませている例は少なくない。

山地横断路線

山地横断路線において長大トンネルを避けるためには、中央部の最も高い山地部分だけを最短距離のトンネルで通過し、トンネル内部および前後を勾配区間とすればよいが、当時の蒸気機関車の能力では、急勾配を登ることは難しかった。そこで河川侵食によって形成された谷地に沿ってできるだけ急勾配を避けながら登り、再び谷地を河川に沿って反対側の平野に至るルートが選定された。このようなルートでは、しばしば勾配を緩くするため河川沿いに切土（切取）や盛土で通過する曲がりくねった線形が生じ、河川上流部や渓流部を多くの短径間の橋りょうで横断する方法がとられた。

したがって河川の流水による山地斜面の侵食が活発な地域を通過することになり、侵食にともなって土石流、斜面崩壊、落石等が発生しやすい。特に戦前に建設された路線のトンネル出入口付近は侵食谷の始端部付近を切り込んで建設されていることが多いため、トンネル上部斜面で崩壊、落石が起きやすい。また雪国では、これらの土石流、斜面崩壊、落石が発生しやすい場所では、なだれが発生することもある。

海岸路線

海岸平野の都市間を結ぶ路線では、大河川を河口付近で横断すると長大橋りょうを必要とするため、内陸寄りの川幅の狭い地点まで迂回し、線路が流路に対してなるべく直角になるように架橋した。また、山地が海岸に迫っているところでは、長大トンネルによる山地横断を避けて海岸線沿いの狭隘な海食崖を切土や盛土で迂回するか、地形によっては最小延長のトンネルと橋りょうの組み合わせで通過した。海食崖は、波浪による侵食で形成された急勾配斜面であり、このような斜面が連続する地域では風化による侵食作用が継続している。したがって、斜面の表層風化が進行すると不安定勾配となって崩壊し、風化と崩壊の繰り返しにより周期的に災害が発生する。

平野部の路線

長大トンネルほどではないが、建設費が高く技術的困難を伴うことの多い長大橋りょうを避け、可能な限り構造が単純で安価な短径間の上路鈑桁で横断し、長径間のトラス桁は流心部のようにやむを得ない場所だけに用いた。また河川が氾濫しやすい低地では橋りょうの前後に小径間の避溢橋を設けて内水氾濫による線路の流出を防いだ。

このような河川幅の狭い地点は、洪水時に水位が上昇しやすく、かつ流速も大きい。したがって、橋脚数の多い短径間の橋りょうが架設されると、流水を阻害して橋りょう上流側の水位をせき上げ、あるいは河床が侵食されやすくなる。特に山地から平野に移るところでは、扇状地河川になっていることが多く、このような河川は急流であるうえ流心の位置も変化しやすく、河床移動によって橋りょう下部工の基礎が洗掘を受けやすい。

要するに、できるだけ橋りょうやトンネルを避けて建設した結果、鋼やコンクリートに比べて水に対する抵抗力がとりわけ劣る土構造で出来た線路がわざわざ災害を受けやすい場所を通ることになり、その結果、降雨期になると毎年のようにどこかが崩れて、しょっちゅう列車が脱線したり不通になったりしていたのが昭和のはじめ頃までの日本の鉄道だったのである。そのようなことが許容されていた背景として、鉄道がほとんど唯一の近代的陸上輸送機関であるとはいえ、輸送量がまだそれほど大きくなかったことに加え、線路全長の約90％という膨大な数量を占める盛土、切土や自然斜面に接する上構造区間に対して「事前防災」を講じるなどということは経済的に不可能・非現実的と考えられたこと、また盛土や切土が崩壊しても、橋りょうやトンネルと異なり復旧は容易であったため、壊れてから直す「事後防災」で事足りていた、といった事情があった。

2.2 戦後の構造物の状況と業務体制

第二次世界大戦が終了した時点で、全国の鉄道は直接の戦災被害のほか、長年の戦時体制下における維持管理不足によって設備の老朽劣化が進行するとともに、国土全体の荒廃もあって大小の災害が続発している状況であった。しかし、他のほとんどの社会・経済活動もまた壊滅的状況に陥っているなかで、それらの活動すべての共通的な基盤として鉄道に対する期待は平時よりもむしろ大きく、輸送の使命を1日たりとも怠ることはできなかった。

しかしながら、そのような輸送使命達成の期待に応えたくとも、防災や構造物の機能回復の施策を進める体制はほとんどなかった。すなわちこの面に関する戦後はゼロからのスタートであった。問題点を要約すると以下のとおりである。

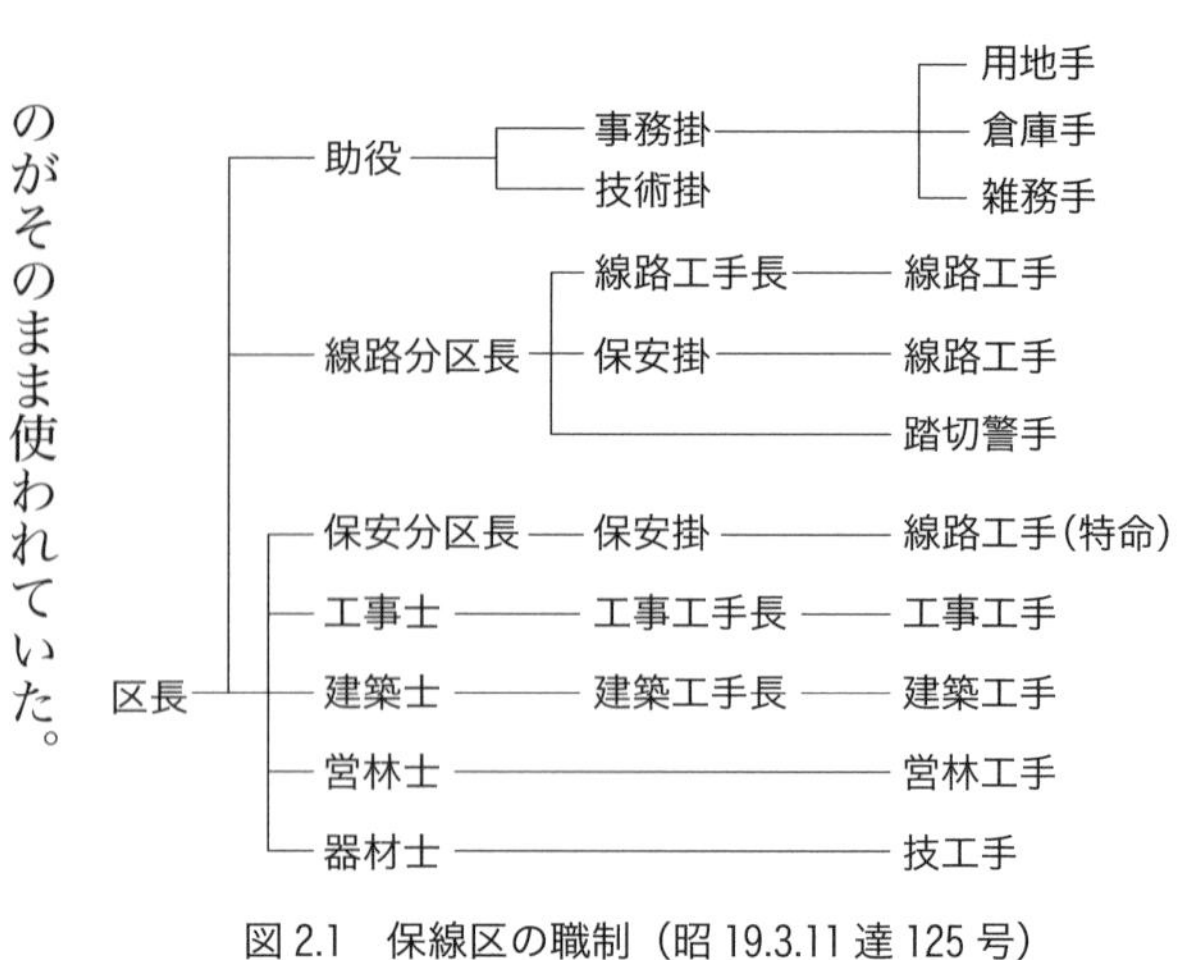

図 2.1　保線区の職制（昭 19.3.11 達 125 号）

1．土木構造物には永久耐力があるという通念があり、災害による全壊等、誰が見ても使用不可と思われる状態に陥ったもの以外は計画的に取替えて機能を維持するという考え方に乏しかった。また修繕は実際に壊れた部分だけを直す随時修繕方式によって行われていた。

2．図面、財産書類等の整理、保管状態が不十分であった。たとえば、

・戦災による消失のほか、占領後に敵国の手に渡らないようにという理由で多くの図面、書類が焼却されてしまっていた。

・建設時にメートルではなくフィート・インチで表記された古い図面が混在していた。

・明治時代の買収以来、買収線区の図面や書類は旧会社のものがそのまま使われていた。

・建設後の改良等による変更にともなう改訂がされていなかった。

・橋りょう、トンネル以外の構造物に関しては、土工定規図があるくらいで、落石止柵や根固工等の防護工作物については図面もほとんどなかった。

3．現業機関の業務組織は、図2・1に示すように土木構造物を含めた線路全般の維持管理を保線区で

実施しており、土木構造物に関わる工事業務を担当する「工事士」を筆頭とするラインがあったが、災害に対する耐力や劣化の進行状況・対策の判断といった土木構造物の状態を把握するための「検査」を専門的な業務として遂行する体制になっていなかった。

4．中央における管理部門の組織は、1949年6月に国鉄が公共企業体として発足した時点で、鉄道総局施設局に、規画課、工事課、保線課、停車場課、建築課が配置されていたが、土木構造物の維持管理は、管理の元締めは保線課、取替時の設計等は線路課、技術的指導や機械が必要な時の運用は工事課という具合で、土木構造物を検査し、その結果にもとづいて保有資産を管理し、取替えを実施するという一元管理のシステムになっていなかった。

5．予算制度に関しても、防災設備に関する独立した経費区分は1949年度に至ってようやく新設され、それまでは線路改良全般に関わる経費の中でやりくりされていた。

6．土木構造物の検査に関する規程やマニュアルの類が存在しなかったのはいうまでもない。

2.3 構造物の実態調査

第一次実態調査

右に述べたような状況で終戦を迎えたため、当時の技術者は、これでは構造物の保守ができないということで大変困った。事後防災とはいうものの、見るからに危なくて速度制限をしなければ列車を通せない橋りょうがたくさんあるが、データがないので、どれくらいのお金をかけて、どういうことをしたらいいのかがわからない。そこで、1947年12月に、公共企業体としての国鉄発足前の組織である運輸省本庁と技術研究所で調査委員会を作り、調査の要項、データシートの様式を審議し、翌5月に鉄道財産実地調査要領を定めて調査を開始した。初年度調査では、変状の程度を、A：現に運転を支障しているもの、B：放置すると支障する恐れのあるもの、C：その他のものに区分した。次いで2年目以降には、桁の耐荷力を評価するための実耐率、撓み測定、さらに洪水時の洗掘による橋脚倒壊に対する耐力を評価するための下部工の根入長（河床の表面から橋台、橋脚の基礎の底面までの垂直方向の寸法）の調査が行われた。

第二次実態調査

そうこうしているうちに国鉄が公共企業体として発足し、本社の組織改正で施設局には従前の工事課と線路課が合併する形で土木課が発足し、土木構造物の維持管理はもっぱら土木課が担当することになった。また、地方機関である東京鉄道管理局では、1950年から建造物の維持管理に関して新しい時代にふさわしいルール作りのためのプロジェクトチームを立ち上げ、すでに軌道について規定されていた『軌道整備心得』、『軌道審査』を手本として『建造物審査規程』を作成した。その内容は建造物毎に重要度に応じて配点を定め、監査結果の得点により良・不良を判定するものである。

次に右記の規程を用いて実態を調査した結果、更に詳細に心得を作成する必要があると判断し、『建造物保守心得』が作成された。この内容を見ると後年の検査標準の原型と言える内容となっており、まさに今日の建造物保守の規程類の原典であったということができる。これをたたき台として本社においても検討がはじまり、構造物設計事務所、技術研究所の協力を得て、１９５６年７月に『建造物保守心得（案）』及び別冊『建造物の検査及び措置要項』が完成した。

さて、国鉄が公共企業体となり、会計制度が官庁会計から企業会計になったことにより、財産の会計上の耐用年数を定め、減価償却費を算定する必要を生じたが、すでに述べた理由により、実態が全く把握されていなかった。修繕費についても同様で、合理的算定の手段がなかった。そこで、１９５３年以降、本社土木課により第二次の建造物実態調査およびその結果にもとづく保守台帳の整備が行われた。またこれと合わせて、調査結果を集大成した『線路工作物の現況』を作成し、荒廃量の正確な把握にもとづく修繕予算の適正な要求および配布に活用した。この実態調査は１９６１年２月まで行われた。その結果、次のような成果が得られた。

1．保守台帳が完備し、取替えや修繕、災害時の応急、復旧等の設計に大いに役立つようになった。
2．建造物の図面がほぼ完成し、保守台帳を利用して工事費の投入、除去、再評価が容易にできるようになり正しい財産管理が可能になった。
3．資産の再評価にもとづいて償却費が求められるようになった。
4．荒廃量調査にもとづいて防災計画、修繕計画が立てられるようになった。

2.4 業務近代化

第一次近代化

以上述べたように土木構造物の維持管理に関して戦後は全く空白に近い状態から出発したが、数回にわたる実態調査により、1960年頃には建造物の図面や保守台帳が整備され、かつ荒廃量も明確になって防災計画、修繕計画の策定が可能になった。これらの成果にもとづいて土木保守体制の近代化が始まった。1965年に実施された第一次近代化の背景として次のような状況があった。

1. 1964年度に国鉄は初めて赤字を計上し、かつ一方では戦中・戦後を通じ多くの作業を労務職を抱えて直轄で実施していたため、要員合理化が大命題であった。

2. 戦後の輸送量の激増に伴い列車速度や通過トン数の増加の一方、これを支える土木構造物は多くのものが償却上の耐用年数を超過して経年劣化が進行するとともに、降雨による災害が年間約8、000件も発生し、そのうち約1、000件が列車運転に支障するという状況の中で、土木構造物維持管理の業務量は大幅に増加しつつあり、従来の仕事のやり方では、もはや対応するのが困難であった。

以上の状況に対処するために、トラブルが発生してから対処する従来の事後保全中心の体制から予防保全方式の体制、すなわち、トラブルが発生する前に検査をして適切な時期に必要な措置を行う保守方式への転換が図られた。そして、それを実現するために、検査部門の強化に対応した組織変更、計測機器の配備、検査関係規程の制定等の施策が実施された。

特に重要な改変として、近代化以前の保線区の土木保守部門は、現場を見て歩いて修繕の判断をする工事助役の指示により、外注で行う大掛かりな工事以外の軽微な修繕を工事工手長、工事工手という手職が直轄施工し、予算の判断その他を技術掛が行うという体制であったが、これを検査助役、構造物検査長、構造物検査掛という工事部門とは別のグループ、職位を新たに設けることによって、工事の単なる付随物ではない独立した専門業務としての検査の位置付けを明確にした。

さて、予防保全、事前防災が効果をあげるためには、構造物の状態を判断し、修繕や補強が必要なものを抽出するための前提となる検査が適切に行われることが何より重要である。事後保全であれば、壊れたところを見つけるのは誰にでもできるが、損傷や変状が外に現れる前に検査で壊れそうなところ、災害を受けそうなところを見つけるのは難しく、判断を誤ると修繕や補強の必要のないところばかりに無駄に手を入れてしまい、事後保全よりかえって効率が悪くなってしまう。

したがって、本来、検査には工事より高度な判断力、技術力が必要なのだが、表面上、検査は現状を確認するのが主な仕事であるため、工事と違って目に見えるものを作る達成感が乏しいうえ、検査の結果、大半のものは異常なしであることがあらかじめ分かっているので、たとえ怠けていても当面何も問題が起きない。だから個人の手柄にはなりにくいので優秀な人はあまりやりたがらない。したがって、放っておくと職場のモラルが下がり、その結果、「あんなところには行きたくない」ということでますます優秀な職員が来ないという悪循環に陥る恐れがある。

そこで、業務近代化にあたっては、たとえば、同じ保線区の中では検査助役は常に工事助役より職位上位者を配置する、工事の設計協議の窓口は工事助役ではなく検査助役に担務させる等、検査を優遇する人事や処遇を慣例化する、また、各管理局の予算ヒアリングでは必ず検査データの提出を求め、データにもとづいて査定を行うことを徹底する、業務研究講演会の演目や技術専門誌の論文・記事に構造物検査部門を新設して成績優秀者を表彰する、といった、本社土木課主導の、やや「人為的」な誘導によって、検査部門の活性化、地位向上に努めた。

第二次近代化

このようにして、次第に新しい体制が定着し、成果も上がりつつあったが、国鉄の経営は一向に良くならないどころか悪くなる一方であったし、労使問題も収まらないという状況があり、各部門ともさらに業務の効率化が求められた。そこで土木保守部門においても、第一次近代化から6年後の1971年に再度近代化を実施することとなった。第二次近代化は、総体において、検査体制の強化を核とする第一次近代化の基本方針をさらに高度に推し進めるものであり、具体的には以下のような施策が実施された。

(1) 検査の仕組みの変更

『建造物検査基準規程』および同標準を改正し、従来は定期、臨時、特別の3種類で、いずれも単純に見て回るだけであったものを、基本、精密、広域の3区分とし、検査内容を次のように変更した。

基本検査：目視および容易な計測を主体とし、建造物の変状および環境の変化を捕捉し、監視する。

精密検査：計器による精密な計測を主体とし、建造物の健全度を判定する。
広域検査：空中写真、空中パトロール等により線路周辺の環境条件の変化および線路に及ぼす影響を判定する。

また、今まで全建造物を画一的な周期で検査していたのを健全・不健全に分割しそれぞれの検査周期を設定して省力化を図った。

(2) 組織の変更と整備

土木構造物の精密検査を専門的に担当する組織として、「構造物検査センター」を新たに各鉄道管理局に設置し、検査結果にもとづいて管理局管内全体の総合的な防災計画の立案および管理にあたらせる一方、従来からあった保線区の検査グループには、よりローカルな担当範囲における、主として日視による簡易な基本検査、広域検査の一部、および防災計画の立案・管理を分担させることとした。

第二次近代化の最大の狙いは、検査を高度化・効率化することによって適確な投資や修繕等ができるようにすることであり、そのために新たに設置された構造物検査センターにはその機能が果たせるよう種々の施策を実施したが、本社が特に重視したのは、組織の位置付けであった。

事の是非はともかくとして、本社・管理局・現業機関という指揮命令系統の序列において上位に近いほど人材の確保、技術情報の集積が容易であるのが国鉄の実状であり、第一次近代化でせっかく発足した検査体制であったが、現業機関である保線区内部のみの体制変更で非現業部門には大きな変化がなく、管理局単位で構造物検査について指導する人材と体制を欠いたため、地域や現場ごとの検査技術、

診断基準、人材レベルにバラツキが大きく、またそれを解消する方法がないという問題が露呈するようになった。

このため今回の合理化に際し、本社土木課としては構造物検査センターを本社付属の技術研究所や構造物設計事務所のように管理局施設部に属する非現業機関としての地位を持たせたい考えであった。しかし検査実務を行う大量の職員を非現業にすることは非現業要員こそ国鉄全体の合理化を率先垂範すべきという大方針に反することであり、仮に非現業とすればその後の削減の対象とされて却って機能を損なう恐れもあった。このため次善の策として、各管理局に施設部長直属の非現業スタッフとして課長級相当の「構造物検査技師」を配置し、現業機関である構造物検査センターの所長と兼務する体制とした。さらに諸々の施策で検査センターに技術研究所や構造物設計事務所に近い機能を持たせるように配慮した。

第三次近代化

このように、二度の近代化を経て、土木保守の部門に検査専門の組織として構造物検査センターが設置され、これを中核として業務を推進する体制が整えられたのであったが、その後も国鉄の財政事情は悪化の一途をたどり、もう一度、各部門の近代化が必要だということになった。

国鉄における合理化・近代化は、土木保守部門に限らず基本的にすべて経費削減、特に人件費の削減の要請で行うものであったが、第一次、二次の近代化では、合理化が不可避であるという外生的な要求を、「検査の強化」というイノベーションを起こすために上手に利用している側面が指摘できる。これに対し、第三次近代化は、そのようなイノベーションを伴わない純粋な経費・要員縮減の性格が強い。

この間における土木保守部門の部内の状況はというと、新しい業務体制に則って管理局、保線区で十何年検査をやった技術の蓄積の結果、土木構造物というものは、どういうふうなときにどういうふうに壊れるかということが、相当わかってきた。また、検査データに基づいて、修繕・取替えや防災投資が相当進み、取替補修をやったことによって災害も減ったし、本当に見るからに危ない構造物というのはなくなってきた。

この結果、今まで本社が現場に対して、検査の重要性を口を酸っぱくして指導し、検査データを投資に反映させる仕組みを作り、職制上のランクも優遇される、ということで検査の職員は張り切ってやってきたのであったが、大体どこが壊れるかがわかってきた結果、今度は検査部門というのは単に構造物が大丈夫だということを追認するだけの仕事で技術的に面白くない、ということでモラルの低下をきたすことになってしまった。

また、鉄道林のうち、従来、防護設備の一種として扱われてきた土砂崩壊防止林や落石防止林などの防備林には、戦後の国土の荒廃から線路を防護するため、沿線斜面の自然林を用地ごとを買収し、少人数の営林専門職員のグループにより管理してきたものが数多くあったが、最初から人工林として造成され、木材生産のサイクルを前提とした施業が有効に機能するふぶき防止林等とは異なり、林業技術を適用した人為介入によって防災設備としての効果を上げることはそもそも困難であったため、人手によって維持管理されている防災林としての建前とは裏腹に、実質的には放置林となっているものが多いという実態があった。また、一つの保線区あたり数人という少人数のグループを独立して存続させ得る組織事情でもなくなってきていた。

このような状況に対処するため、1981年7月の土木および営林の第三次近代化では、

1. 従来全建造物を画一的な周期で定められた検査項目にしたがって基本・精密と区別していた検査を建造物の状態に応じて検査項目、周期を任意に選べる全般・個別検査に変更して、意欲を持って業務に取り組める仕組みとするとともに省力化を図る。

2. 保線区の検査と工事の両部門を統合して土木部門とし、双方の業務を担当する。この施策により保線区土木グループでは自ら検査し判断した資料をもとに工事まで行うことができる体制とする。

3. 高崎、水戸、静岡、天王寺、岡山の各管理局および四国総局では、主として土砂崩壊防止林及び落石防止林を管理する営林部門を土木部門に統合し、森林の防災機能は逐次防災設備により置き換えることとする。

4. 保線の業務に関連の深い土工設備の全般検査は保線グループに担当させることとする。災害時の警備は主として保線の現業職員が実施しており、その情報を直接防災に活用させるのが有効であろうと考えられることより発想された施策である。

以上を柱とする施策が実施されたが、改革あるいは革新的な近代化というよりは、今までの延長線上での「手直し」に近い。工夫が足りないというより、第二次近代化までの努力がきちん成果をあげたことによって、もはや大きな改変が必要ない状態に至った、と解釈すべきであろう。

2.5　防災投資の進展

終戦後、第一次5か年計画開始までの投資

終戦と共に荒廃した諸設備が残されたが、輸送の使命を放棄することは許されず、直ちに運輸省に「運輸建設本部」を設け、復興5か年計画が建てられた。しかし、土木構造物は永久耐力のあるものという通念があり、個々を構造物を検査した結果にもとづいて取替えの要否を判断する今日のような業務体制もなかったため、この復興計画はレール、マクラギ等の資材の確保、建物、車両等接客に直接関するものに対する緊急復興に限定され、土木構造物は含まれていない。その後、1948年に政府の総合復興5か年計画に合わせて国鉄復興計画を作っているが、事情は同じである。

ところが1948年4月24日に東北本線野内駅近くの野内川橋りょうの洗掘により貨物列車が脱線して河中に転落、乗員2名が死亡する事故をはじめ、事故・災害が多発したため、土木構造物の実態調査が緊急実施されたのは、すでに述べたとおりである。

1947年度に「防災設備費」という費目が初めて設定され、その後「線路設備費」から分離して単独運用されるようになるとともに、復興計画とは別に施設局独自で1950年度を初年度とし、戦前の状態にもどすことを目標とする保守5か年計画が作成され、他方で保守体制に関する検討も始まっている。

戦後の防災投資は、戦後しばらくの間は大小の災害に対する復旧がもっぱらであり、文字どおりいわゆる事後防災の時代であったといえる。主なものとしては、1945年9月の西日本台風、1946年

12月の南海道地震、1947年9月のカスリン台風、1948年6月の福井地震、1948年9月のアイオン台風がある。その他、災害に起因する多くの線路変更が行われている。

表 2.1　線級別防災強度

線級	防災強度
1 級線	70 年
2 〃	30
3 〃	10
4 〃	2

線区防災強化

鉄道線路はラインとして機能しなければ意味をなさないのは言うまでもないことであり、1ケ所でも支障が生ずると線区全体が不通となってしまう。つまり、線区全体の強度が線区の中で一番弱いリンクの強度によって決まっており、一部分だけを高規格なものにしてみても全体の機能向上には必ずしも寄与しない。

第一次業務近代化前までの事後防災の時代には、災害で構造物が壊れたら、単にそれをその都度直すという発想であったが、1955年頃からの事前防災への変革の流れの中で、各構造物は線区の重要度に応じた同一レベルの防災強度をもつべきであり、そのためには防災投資は、個別の構造物ごとにバラバラにではなく、線区の優先順位、目標防災強度レベルに応じた一貫した方法で行うべきであるという認識が高まった。

これらの思想が『線路防護設備設置基準規程（昭和39年7月30日）』という形で規程となり、管理局長等が線区の重要変に応じた防災強度を確保することが義務づけられた。この規程では、防護設備の新設・改良に当たって満足すべき防災強度に相当する耐力の超過確率年数を表2・1のように定めた。そして、個別の構造物ごとに防災対策を行うのではなく、特定の線区あるいは線区内の特定の区間に集中的に対策を行うことにより、それらの線区ないし区間の防災強度を一挙に向上させることを目標とする施策が発案され、「線区防災」の名の下に1959年の東海道本線の台風災害をきっかけに同線から始まり、重要線区（山陽、羽越等）および災害線区（土讃線等）から順次推進された。

河川改修に伴う橋りょう改良

河川改修工事により川幅の拡張、河床の低下等が行われると、国鉄橋りょうの改築が必要となる。1960年頃までは国の財政能力も小さく、河川の規格も厳格でなかったため、橋りょう改築を径間拡幅や橋桁の扛上で済ませる例が多かったが、国土の治山治水計画の進展に伴い、旧橋を撤去して新しく作り直す通常の改築工事が実施されることが多くなった。

その費用について、原因者負担の原則に従い河川側で全額負担すべきという考えがある一方、老朽化した国鉄橋りょうの更新益分は負担すべきという考え方も成立つ。また河川内の工作物設置については行政当局の許可が必要であり、河川内の工作物管理規程に適合しない旧式橋りょうについては、改修に合わせ行政命令で改築を命じ得るという考え方もある。

このように立場により考え方が異なるうえ、更新益分負担というような考え方によると各橋りょうごとの費用分担に関し紛争の生ずる恐れも多分にある。そこで国鉄と建設省河川局が協議した結果、『河川工事と国鉄工事が相互に関連して必要を生じた工事費用の分担について（内閣運輸甲20）昭和24年3月28日』により閣議決定がなされ、双方50％ずつ負担という原則になった。さらに、橋りょうの改築時にその時点での技術レベルに合わせるための規格の向上に対する負担（例えばレールが重くなること等）についても常識的な範囲は折半とすること、不要となった土地の処分方法等細部についても協議を行い、『河川工事と国鉄が相互に関連して必要を生じた工事費用の分担について閣議決定に関する協定（施用３４６）昭和25年6月29日』が締結された（「建国協定」）。

国鉄では原因者負担とすべきものについて負担するのであるから、なるべく必要最小限の施工に止めるべきとする意見も一部にはあったが、むしろ有利な面を重視し河川改修に積極的に応じた結果、自己資金による橋りょう改良より多数の橋りょうが河川改修に伴い50％の負担で改良された。国鉄にとって有利な点としては以下のものがある。

・国鉄橋りょうの多くは老朽している一方、自己資金での取替えは財政事情もあって十分に進まなかったため、河川改修による橋りょう改良のもたらす防災効果は大きい。

・河川改修が進むと未改修部分に洪水被害の危険が高まる。50％負担を前提に国鉄橋りょうの改築を促進しないと、橋りょう部分の被災の確率が大きくなるだけでなく、いったん被災すると１００％自己資金での復旧工事が必要となる。

・線増工事に伴う橋りょう新設の場合、単体で施工すれば全額国鉄負担となるべきところ、線増と同時に河川改修を実施するときは50％を河川側の負担とすることができることになった。別線複線施工にすると単線並列に比べ橋りょう工事費自体も経済的になり、併せて前後の線形改良や路盤強化も可能になるケースが多い。

・1978年からは防災補助金（後述）が河川改修工事にも適用されることになり、更に有利となった。

右記のように有利な点が多いため、国鉄としては河川側の動向に十分に注意し、改修計画の有無を早期に把握するよう指導がなされた。また時には老朽橋りょうを抱える区間を早期に治水5か年計画に組入れたり河川管理区域を県や市から国に移管するなどして該当区間の改修計画を促進するよう協議を強化すること等が指導された。

もっとも常に有利な場合ばかりでなく、逆も稀にはあった。元の橋りょう幅に比べて大幅に橋りょう長が広がる場合とか、すでに廃止の計画がある線区で急きょ河川改修が着手されることになった場合、あるいはまだ橋りょうの経年が若く、本来取り替えの必要がない場合等がそれである。

落石対策の推進と防災補助金の活用

以上に述べた様々な施策のかいあって、防災投資が優先的に実施された主要幹線での災害発生件数は大幅に減少したが、それと入れ替わりに1975年頃から浮上してきたのが、採算上の理由で投資が抑制されてきた地方交通線の落石問題であった。

統計データを分析した結果、落石全件数の90％以上が山岳線の多い地方交通線で発生しており、災害総数に占める割合では4％程度に過ぎないが、毎年平均7件程度発生していた災害による列車脱線事故のうち30％以上を落石によるものが占めていた。その原因として、落石は天候に関係なく突発的に発生するため、他の災害のように災害警備や運転規制等のソフト対策によって防ぐのが困難であることが考えられた。このように、落石は一歩誤れば人身事故に結びつく可能性が大きいことが数値的にも明らかになり、さらに道路での落石の状況を調べたところ、落石による人身事故が多発しており、管理責任を問われる訴訟件数も多いことがわかった。

以上の調査、分析にもとづいて落石の問題点を整理し、全国で600箇所の特に危険と思われる要対策箇所の工事費用を要求したところ、その必要性が認められ、とりあえず当年度分の予算化が実現した矢先の1977年3月8日、上越線、津久田・岩本間で急行列車が落石により脱線し、乗客837名中103名が負傷（うち重傷2名の1名が入院中に死亡）、乗務員2名が重傷を負うという事故が発生した。

この事故を契機として、以下のような措置がとられ、これらに支えられて落石対策が強力に推進されることとなった。

（1）「落石防止について」の副総裁通達

事故発生の翌日、副総裁名で沿線斜面の総点検と安全対策の強化について全国に通達された。翌4月に集計された総点検結果によれば、早急に対策を必要とする箇所が2、200箇所、所要工事費は350億円に達した。

（2）衆議院交通安全対策特別委員会決議

この事故は国会でも取り上げられて、翌4月に列車および道路輸送の安全確保のために政府および国鉄に対し、『落石等による事故を防止するための防護施設の整備強化に関する件』が決議された。

（3）防災補助金制度の制定

国鉄は運賃収入により支出を賄うことが原則であり、国の財政からの直接的な補助は難しい。しかし、国鉄の厳しい財政事情の中で今回のような重大な結果を伴う災害が極めて収支の悪いローカル線で発生するおそれのある場合、その対策をすべて自力で行うのは現実問題として不可能である。そこで関係者の努力により、国鉄を受益者とする防災対策工事の必要額のうち、その工事の効果が同時に国土保全にも資する分は国で補助するという趣旨で、次の3つの場合について補助金が交付されることになった。

①河川改修（建国協定にもとづく国鉄負担分1／2の内、直轄事業では2／3、補助事業では1／2補助。従って国鉄の実質的負担はそれぞれ1／6、1／4となる。）

②落石・なだれ等対策（線路に近接して民家等があり国鉄の防護工事が国土の保全に資するもの）

③海岸等保全（②に準じる適用区分のもの）

（4）『落石対策の手引き』の制定

今回の事故は約30トンもの巨岩が落下し、従来十分な耐力をもつと考えられていた擁壁が破壊されたことによって発生したことから、落石に対する安全対策の根本的な見直しが必要となった。そこで、学識経験者を交えた「落石対策研究委員会」を設置し、落石の発生原因、検査、調査の方法、危険度の判定・評価、落石対策の計画策定、予防・防護工作物の設計等に関する技術体系について最新の知見にもとづいて取りまとめを行い、その結果は翌年8月に『落石対策の手引き』として制定された。

この手引きは、徹底して実際に現場に適用する立場に立って書かれており、「使える」内容を多く含

んでいた（特に対策工の設計に関する部分）ため、現場で大いに活用され、落石対策の進展に貢献した。

2.6 構造物の健全度診断方法の標準化

取替標準の制定

検査の結果、そのデータを用いていかに保守するかについては、『建造物の保守ならびに健全度診断に関する研究報告書』、『検査標準解説』などがあるが、従前からの問題点として、いずれも検査の手法に重点がおかれ、保守の技術基準としての修繕、取替えの必要性を判断する尺度がなく、このことが検査の有効性を減殺し、グループの意欲を減退させていた。

そこで1971年に国鉄部内外の学識経験者による委員会を組織し、建造物の検査、変状原因の追求、健全度の判定、措置といった建造物の保守の流れを体系的に整理し、これらに対する考え方を解説することにより適切な保守と技術の向上に資するため、1974年に『（業務資料）土木建造物の取替に関する研究報告書』（通称、「取替標準」）が制定された。

この標準は、総論に続いて、鋼構造、コンクリート構造、基礎土構造、トンネル、斜面およびのり面の構造物種類別の各論から構成されており、構造物の特性、変状や災害の種類と原因の理解から始まり、検査の着眼点と健全度判定方法および措置方法の選択に至る構造物の維持管理・防災対策の技術的方法や業務規範が、主要な構造物について総論に示した共通の基本的立場、用語と一貫した手続きの流

表 2.2　健全度判定区分表

判定区分	運転保安に対する影響	変状の程度	措置
AA	危険	重大	直ちに措置
A1	早晩脅かす・異常外力作用時に危険	変状が進行し、機能低下も進行	早急に措置
A2	将来脅かす	変状が進行し、機能低下の恐れ	必要な時期に措置
B	進行すればAランクになる	進行すればAランクになる	監視（必要に応じて措置）
C	現状では影響なし	軽微	重点的に検査
S	影響なし	なし	不要

れに沿って記述されている。

取替標準の制定によって検査や判定の方法が明確になるとともに、判定区分の考え方も明らかにされて修繕や取替えの判断基準が示され、現地の保守業務に携わる技術者にとって有力な保守技術基準となった。なかでも特筆すべきことは、取替えの目安を判りやすくするため、運転に対する保安度と直結させた健全度の判定基準を表2・2のようにランク分けにより判りやすく表現したことである。

元来未知の要素が多い土木構造物の健全度判定をこのように割切ることは純技術的見地からは問題なしとしないが、技術施策を具体的に進めるには分りやすい基準が必要かつ有効である。戦後の線路課による実態調査の時点ですでに健全度をランク分けする思想があったが、今日では単にＡＡ、Ｂなどと言うだけでおよその健全度に対して技術者はもちろん、事務担当者もが共通した認識を持ち得るほどこの判定基準は現場において普及し、大きな効果を発揮した。

のり面採点表

右記の取替標準に取り入れられた技術手法の中で、検査データにもとづいて効果的な斜面防災投資を実施する上で特に大きな効果をもた

表 2.3　のり面採点表（切取り）

要因点	のり高	5 m未満：0、5 〜 10 m：− 5、 10 〜 20 m：− 15、20 以上：− 25
	のり勾配	1.5 割：0、1割：− 5、 1 割より急：− 10
	土質	水に弱い純砂：− 10、 砂質土：− 5、粘性土：0
	表層土厚さ	0.5 m未満：0、1 m前後：− 10、 1.5 m以上：− 15
	湧水	あり：− 10、常に湿潤：− 10、乾燥：0
	排水条件	のり肩部に集まりやすい地形：− 5、 その他の地形：0
	集水条件	集水範囲 1,000m^2 以上：− 5、1,000m^2 未満：0
	特異層	崖錐、扇状地、地すべり崩土等あり：− 10
防護点		工法により、＋ 10 あるいは＋ 20

採点＝基本点 60 ＋要因点＋防護点＋判断点（現場の事情に応じ）± 20

らしたのがここに述べる「のり面採点表」（表2・3）である。これは、国鉄の本社土木課、鉄道技術研究所と鉄道管理局が長期間にわたって取り組んできた、従来の勘と経験に頼る斜面の防災管理業務を科学的な危険度・健全度評価手法を中心とした管理手法に変換するための取り組みの集大成としてまとめられたものである。

この採点表の作成にあたっては、土質力学的な方法ではなく、統計的手法を用いて、過去の多数の斜面崩壊事例の記録データをもとに、斜面崩壊に関係が深い要因の抽出と重み付けを行い、さらに現場技術者による判断的要素も加味して、斜面の現有強度の評価結果を耐降雨量を用いて点数化して算出するという表現方法を採用した。さらに、ここで求めた現有強度と、別途定めた「線区別防災強度」（表2・1）にもとづく線区ごとの目標強度と現有強度の差によって、全体の中での当該斜面に対する防災投資の必要優先順位が求まるようにした。

実際には、この採点表の個々ののり面における評価結果の信ぴょう性はそれほど高いものではなかったが、この採点表が統一的なルールとして普及したおかげで、現場に既にあるデータのみを用いて、線路沿線の任意ののり面が耐えられる降雨量を算出し、かつ各種の対策工事を施した場合、どの程度耐降雨量が改善すると見込まれるかを定量的に示すことが可能となった。その結果、現場の防災担当者と本社や地方鉄道管理局の幹部および予算担当者との意思疎通が大幅に改善され、国鉄全体の膨大な数量の斜面・のり面に対する防災投資が適切かつ効率的に行われた結果として、国鉄全体での降雨による災害の発生件数が目に見えて減少したことはまぎれもない事実である。

のり面防災十訓

技術情報誌『鉄道土木』1971年6月号に解説記事として掲載された国鉄構造物設計事務所次長(当時)池田俊雄による「のり面防災十訓」は、正式な技術基準ではないが、誰にも理解しやすい標語と説明文に、見えない所に潜んで悪さをする土中の水を悪戯小僧のように生き生きと描いたイラストを配したポスターとして保線区の事務室等に掲示されるなどして、のり面防災の基本を習得するための教材として大いに利用された(図2・2)。

1. **盛土、切取、のり肩歩け**:線路巡回のとき盛土も切取もまずのり肩を歩きましょう。のり面が崩壊するときはのり尻よりもまずのり肩部に変状が出て早期発見ができます。
2. **のり肩キレツはスベリの前兆**:のり肩部にキレツが発生していたら、これはのり面崩壊の前兆とみてま

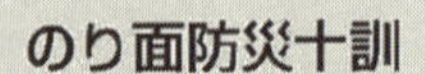

1. 盛土、切取、のり肩歩け

2. のり肩き裂はスベリの前兆

3. のりのハラミは水のせい

4. 水みちふさぐなそれ通せ

5. ないより悪い破れた水路

6. 湧水にごる崩壊近し

7. 小石パラパラそれくるぞ

8. 水を止めるな列車を止めろ

9. 上を見てから崩土の始末

10. 雨がやんでも安心するな

図 2.2　のり面防災十訓（池田俊雄）

ちがいありません。このキレツに水が入るとさらに崩壊を早めます。キレツをふさぐこと、水を入れないようにすること、キレツの開く速度を測ることが必要です。

3. **のりのハラミは水のせい**：1割5分や、1割のこう配でつくられた平面状であるべきのり面の途中がふくらんでいることがあります。いわゆるハラミ出しです。これは水が内部から土を表面に押出すような働きをしていることを示します。このまま放置しておくと変状が進んで崩壊することがあります。ハランでいるところの内部の水を抜くように排水パイプをのり面に打込むなどの措置をすべきです。

4. **水みちふさぐなそれ通せ**：天然の水路でも、また人工の線路側溝などでも、土砂、落葉、ゴミなどで水みちがふさがれると、水があふれ出し、のり面を流下して崩壊を生じます。とくに片切り、片盛りの山側側溝がつまって水があふれた場合は危険です。

5. **無いより悪い破れた水路**：コンクリート造りの排水管や側溝などが、破損していると、せっかく水路に集められた水が破損箇所から集中してのり面を流下したり土中に滲みこんだりすることになり、水路のないときよりかえって危険です。破損した水路は直ちに手当てをして直しておくべきです。

6. **湧き水にごる崩壊近し**：いつも雨が降ってもにごったことのない湧き水が濁った場合は、土中に何らかの変状が進行していることを示すもので、崩壊の前兆と考えられます。特ににごりが激しかったり湧水量が急激に変化する場合には崩壊が近く危険なことを示しています。

7. **小石パラパラそれくるぞ**：崩壊の直前には、のり面の上部からまず小石がパラパラと落ちて来ます。こうなったら時間の余裕はありません。直ちに安全な場所に待避すべきです。

8. **水を止めるな列車を止めろ**：崩土が軌道にまでおよばず、列車運転に支障がないようにみえることがあります。しかし崩土で水がせき止められて、これが再崩壊して線路支障することがあります。また線路をあけるため崩土をどけるとき、在来の水路や崩壊後の水みちをせき止めるような作業をしてはなりません。何より水みちは止めないように水は自由に流れるようにしておくべきです。

9. 上を見てから崩土の始末：切取崩壊などの崩土を始末するとき、どうしても線路ぎわの下から取り除くことになる場合が多くなります。崩土を下からとると安定がくずれ、また崩壊することがあるので、まず崩土の上部をよくみて、再度崩壊の危険がないか否か確認してから作業をはじめ、また作業中も常に上部の監視をしながら崩土の始末をしましょう。

10. 雨が止んでも安心するな：一般に雨が止むと、やれやれと安心するものです。しかし降った雨の一部は地中にじわじわと滲みこみ、このため地下水の水圧が上がって、雨後数時間から数日もたってから崩壊を生じることがあります。長雨や異常な豪雨の後は、晴天になっても気をゆるめず警戒を続けましょう。

2.7 業務近代化と防災投資の成果

鉄道防災および鉄道土木構造物の維持管理業務の使命を要約すると、まず第一に合理的、科学的な検査を実施することによって路線の環境条件と土木構造物の実態を把握し、その結果にもとづいて土木構造物の戸籍謄本兼健康診断書となる保守台帳の作成、管理を行うこと、次にこれらを活用してその時代における技術の最善を尽くした補修、取替えを実施することであり、さらに、構造物の耐力を上回る災害が予見される場合には、適切な運転規制を実施するということになる。そして、これらを確実に実施するために、必要な業務ルールや技術基準の制定、組織の整備、人事、処遇、教育等の人的および制度面の措置を行うことである。

この仕組みの構築は、国鉄においては戦後間もない時期から萌芽的な取り組みが始まり、三次にわたる近代化を経て、まもなく民営分割化による国鉄改革を迎える1980年頃に至って一応の完成を見た。もちろん、いくら一生懸命仕事をしても成果が出なければ仕方がないわけであるが、図2・3に如実に示されているように、その努力は第一次近代化以前の1955年頃には年間およそ8、000件、多い年では10、000件以上あった災害が国鉄改革の直前では1、000件台にまで減少するという顕著な投資効果となって結実したのである。

国鉄民営分割に際して本社土木課として一番心配したのは、それまで、三次にわたる近代化を行い、あれだけ成果があった組織形態、あるいは保守の休系が六つの会社に分かれて、特に小さい会社では崩れてしまうのではないか、そのまままじめにやってくれないのではないかということであった。

しかしふたを開けてみると、全般検査、個別検査、広域検査という検査業務の仕組みや取替標準を始めとする技術基準、あるいは検査業務を専任するインハウス・エンジニアの処遇といった業務の根幹部分についてはほぼ国鉄の最終のときに作られた体系を引き継ぎながら、その後の技術進歩に伴って新しく明らかになったことがら、研究成果等は新しいマニュアルの類にどんどんと取り入れ、さらに会社ごとの実情に合わせてローカライズするといった工夫を重ねながら業務の発展的な継続が実現したわけである。

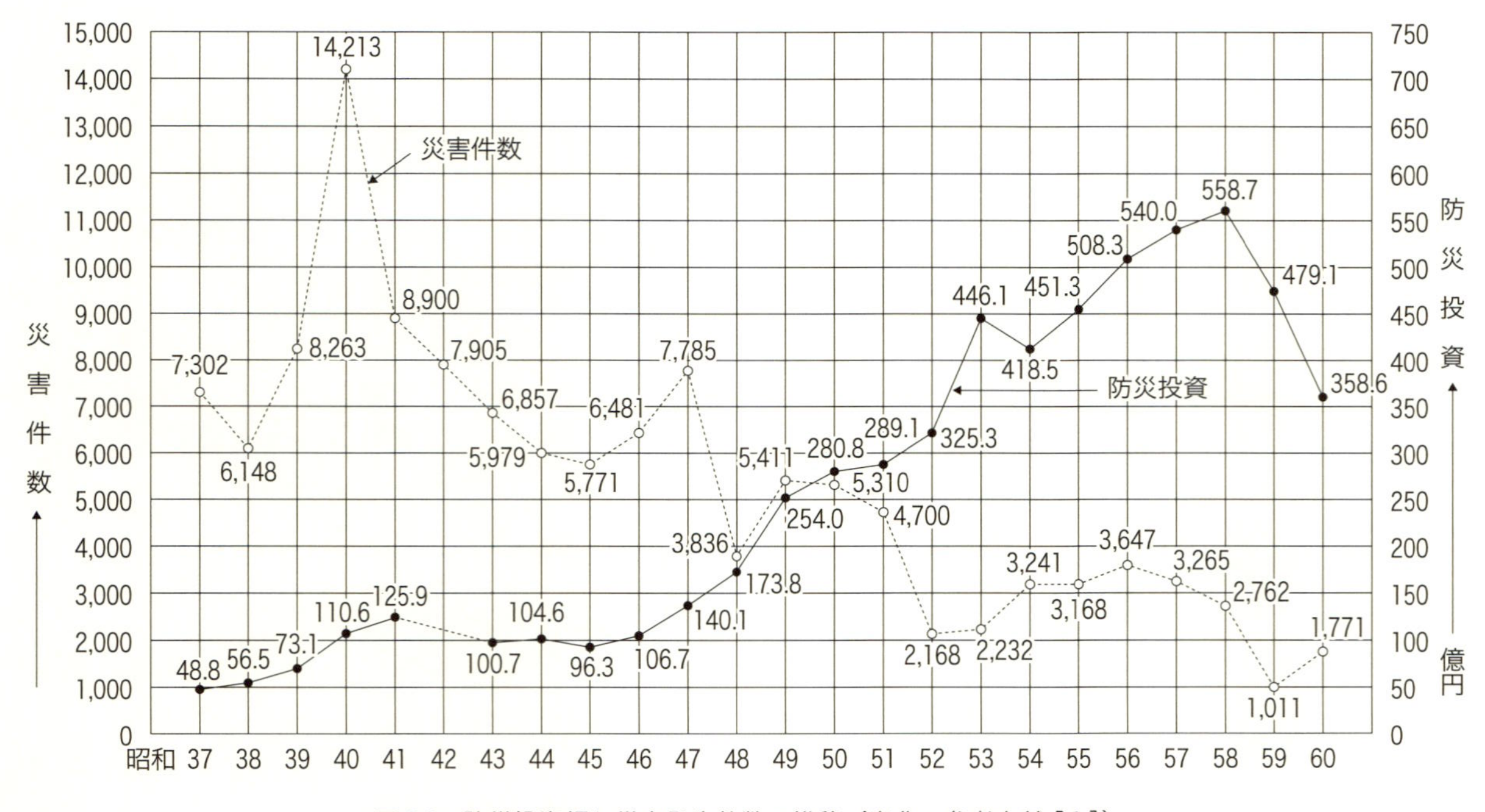

図 2.3　防災投資額と災害発生件数の推移（出典：参考文献［8］）

第３章

運転規制ルールの基礎概念

鉄道の最大の使命である列車運行の安全確保は、施設や車両等の保全とともに、運転取扱のルールによって支えられている。しかしながら、機械や電気設備の故障の場合と異なり、列車運行において自然災害に対するフェールセーフの実現は不可能であるため、さまざまな気象現象や地震に対する運転取扱方のルール作りにおいて、第1章に述べた"How safe is safe enough?"という難しい問題に関わることが不可避であり、各鉄道事業者とも相当な苦労をしている。また、実際これまでにも気象現象等による事故や正常な列車運行が阻害されたりするケースが多々発生している。

本章では、雨、地震、風それぞれに対する運転規制基準について述べる第4章から第6章までの各章への序章として、災害時列車運転規制基準を構成する概念、用語ならびに安全かつ運休・遅延の少ない運転規制基準を作るための基本的な考え方について述べる。

3.1 どのようなルールを定めているか

災害時の列車運転規制は、いわゆる異常時の運転取扱の一種であり、本質的に不測事態への対応を要請されるため、マニュアル化が困難な側面や臨機応変の対応を多く含む。しかしながら、同時にしばしば安全に直結する重要な判断を含む業務であるため、多くの鉄道事業者は、その手続きの大筋と役割分担（責任の所在）を社内規程等に定めている。たとえばＪＲ東日本では以下のとおりである。

『災害時運転規制等手続（規程）』（抜すい）

第３条 輸送司令員および駅長は、降雨、降雪、強風等により災害が予想される場合および地震が発生した場合並びに施設司令員若しくは電気関係の司令員又は線路等の保守を担当する区長から通告があった場合は、運転取扱心得および支社長等の定めるところにもとづき、すみやかに、列車の運転速度を制限するか又は列車の運転を見合わせる等必要な手配を行なわなければならない。

第４条 支社長等は、降雨、降雪、強風等により災害が発生するおそれがある場合又は地震が発生した場合に、運転規制をする必要がある区間および方法をあらかじめ定めておくものとする。

一見あたりまえのことが書かれているが、ここに乗務員の取り扱いが規定されていないところに鉄道の大きな特徴があらわれている。すなわち、運転規制の実施には、支社長および指令員や駅長が責任を負っており、運転士や車掌などの乗務員は、自らは判断を行わず、もっぱら地上側の指示どおりに運転操作を行う立場であるという意味が含まれているのである。

災害時列車運転規制の手続きを定める具体的なルールの規定内容は、鉄道事業者によって様々であるが、最大公約数的には次のようなことがらが含まれている。まず、対象とするハザードとしては、降雨、河川増水、軌道冠水、浸水、土砂崩壊、落石、雷、風、飛来物、積雪、濃霧、ふぶき、架線凍結、地震、津波、高潮等が挙げられる。これらのハザードごとに具体的な取り扱いとして、ルールを定めたマニュアル等の位置付け、気象等の観測方法、規制発令、緩和および解除の判断基準、係員（乗務員、駅長、指令員、保守担当者）の取扱い等が決められているのが一般的である。

3.2 災害時列車運転規制基準の構成要素と用語

気象および地震に対する個々の運転規制基準は、いずれもハザードに対する防御方法を定めたルールという点では共通しているが、それぞれに裏付けとなる技術分野が異なり、実務的にほとんど関連性をもたずに別個に成立していることなどの理由により、個々の基準を構成する共通要素となる概念の定義や用語が必ずしも統一されていないため、様々なハザードに対する運転規制基準全体を俯瞰する一般論を展開する上で不便である。そこで本書では、それらを次のように定めて用いることとする。

運転規制区間：災害時列車運転規制基準によって具体的に規定された運転規制区分および観測仕様の適用対象として定められる線路の空間領域

運転規制区分：運転規制選択肢の集合（たとえば、通常運転、速度規制、運転中止）

観測仕様：運転規制区間の状態を観測する機器の種類および規格、設置場所、観測対象領域、データ等に関する規定条件

危険指標：災害営力が列車運行に与える危険度の大きさを数値として表現する変数

決定関数：危険指標の値にもとづいて運転規制選択肢を決定する論理規則
判別しきい値：決定関数において、異なる運転規制選択肢の決定境界を定める危険指標の値

3.3 確率モデルによる運転規制ルールの定式化

もっとも単純なケースとして、気象現象や地震を観測して得られる情報にもとづいて列車運行に悪影響を与える何らかの事象（以後単に「事象」と呼ぶ）が起こる可能性を予測し、運転規制を行うか否かの二者択一決定を行う場合を考える。事象発生・非発生と規制の有無およびそれらの結果の対応関係として、事象の発生確率をp、規制発令の感度（事象が発生する全列車運行ケース中、規制が発令される割合）および特異度（事象が発生しない全列車運行ケース中、規制が発令されない（つまり正常運転される）割合）をそれぞれkおよびtとする。

表3・1に示すように、規制を行えば事象のあるなしにかかわらず損失は生じないが、規制の実施に伴う費用Cが生じる。規制を行わない場合は事象が発生しなければ損失、費用とも生じないが、事象が発生すれば損失Lが生じる。ここでCはLよりも小さいものとする。でなければ規制を行う意味がないからである。現実には規制を行っても防げない損失も存在するが、それは規制の有無にかかわらず生じるので、規制を行った場合と行わない場合の差だけを問題にする場合には、Lからあらかじめ差し引いておいても違いは生じない。つまり、費用Cをかけて規制を行うことによって軽減可能な損失をLと考えればよい。

この状況における費用・損失合計の期待値は

$$E(C+L)=\{pk+(1-p)(1-t)\}C+p(1-k)L \tag{3.1}$$

となる。右辺のC、Lそれぞれの係数についてみると、pkは事象発生に対する規制の実施にともなう正当な費用、$(1-p)(1-t)$は不必要な「空振り」の規制実施にともなう費用に対応する。また、$p(1-k)$は、事象発生に対する規制の「見逃し」による損失に対応するものであると解釈できる。

表 3.1　運転規制の確率モデル

	事象あり（確率 p）	事象なし（確率 $1-p$）
規制あり（感度 k）	C	C
規制なし（特異度 t）	L	0

3.4　決定関数の優劣比較と改良手続き

運転規制ルールの目的とは、縮約して表現すれば、前述の$E(C+L)$を最小化することに他ならない。式3・1の構成から明らかなように、$E(C+L)$の値そのものは意思決定者が制御できない「自然の状態」である事象の発生確率pに依存して変化するが、pの具体的な数値の如何にかかわらずkおよびtが大きいほど$E(C+L)$は小さくなる。また$k=t=1$、すなわち規制の「空振り」、「見逃し」がまったく無い条件下での$E(C+L)=pC$が理論上可能な最小値となる。逆にkやtが小さいほど、$E(C+L)$は大きくなる。以上から明らかなように、感度および特異度は事象の発生確率によって変動しない決定関数固有の性能指標とみなすことができる。

ところで、なぜ現実には往々にして感度、特異度が1より小さな値になり、見逃

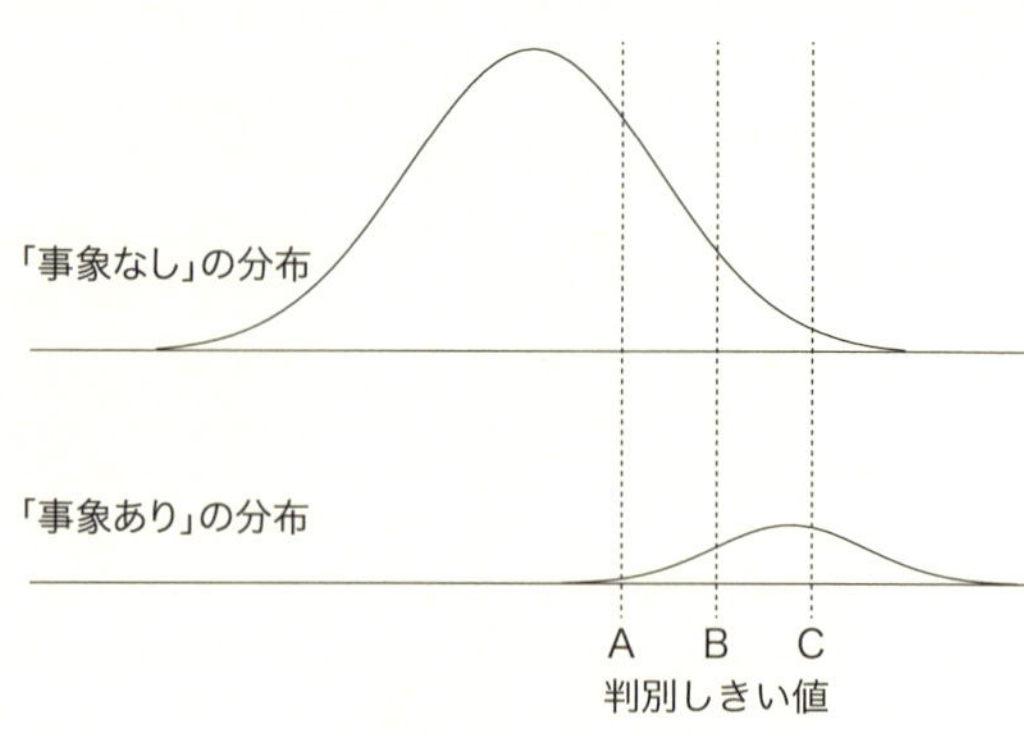

図 3.1　しきい値設定と感度・特異度のトレードオフ

しや空振りが生じるのだろうか？　いまある母集団から無作為抽出されたサンプルの事象「あり」、「なし」の各ケースそれぞれについて任意の危険指標の値の出現頻度を集計すると、しばしば図3・1のように二つの分布にダブリを生じる。これらは事象そのものの性質に起因する場合もあれば、事象を判別する危険指標の「分解能」に起因する場合もある。事象の性質を意思決定者が制御することはできないから、よりよい運転規制ルールのために意思決定者が取り組むべき課題は、結局いかにこの分布のダブリを小さくできる危険指標を選ぶかということと、判別しきい値をどのように決めるかという二つに絞られることになる。

一方、ある事象と危険指標のもとで、「あり」「なし」の分布が図3・1のように与えられると、感度と特異度は必ず一方を大きくすれば他方が小さくなるというトレードオフの関係になり、判別しきい値の決定は必然的に妥協的なものとならざるを得ない。たとえば図3・1において、しきい値の右側が「規制あり」、左側が「規制なし」を示すものとすると、Aのようにしきい値を決めた場合、規制の見逃し（「事象あり」の分布のAより左側）は少なくなるが、規制の空振り（「事象なし」の分布のAより右側）は非常に多くなる。一方、Cのようにしきい値を決めた場合、反対に空振りは少なくなるが、見逃しが多くなる。

このトレードオフの関係を利用すると、所与の事象の「あり」「なし」の分布に対する二つの異なる決定関数の優劣を、感度と特異度を別々に調べるのではなく、そのどちらか一方が同等になるように判別しきい値を設定した場合の他方の大きさにもとづいて一意的に比較することができる。

以上に述べたことにもとづき、各種ハザードに対する運転規制ルールを改良する手続きは次のように定式化することができる。

手順1．候補となる危険指標および決定関数を選定する

手順2．費用および損失を定義する

手順3．選定した危険指標と決定関数を用いて費用・損失を算出する根拠とするためのデータを取得・整理する

手順4．右に述べた優劣比較方法にもとづいて最もよい決定関数を選定する

手順5．決定関数に実装する判別しきい値を決定する

これらの手続きのハザードごとの詳細は第4、5、6章で述べる。

第4章

雨と列車運行

日本の鉄道が降雨災害に悩まされてきたのには、降水量そのものが大きく山がちな国土と斜面・のり面等の土構造が占める割合の大きい線路構造が大きく関わっている。鉄道の降雨災害は純粋に技術的に見ればすでに解決済みの課題であるとも言える。たとえば高架橋や長大橋りょう、長大トンネルの採用が当たり前となった新しい線路では、あまり問題となることはない。しかし重要な線区には古い時代に建設されたものが数多くあり、それらの全てを新たに作り直すことは現実的ではないので、雨に弱い線路を使いながらいかにして安全・安定な列車運行を確保するかが今なお重要な課題となっているのである。

小さな雨粒が
列車を止める!?

4.1 雨による災害、運転支障のいろいろ

ＪＲ東日本の業務資料を調査したところ、降雨を主な誘因して発生したと考えられる線路故障として件数の多い順に、倒木、切取崩壊、土砂流入、盛土崩壊、路盤変状、線路冠水、道床流出、落石、盛土流出、護岸洗掘、落雪、線路浸水、排水設備浸水、のり面亀裂の14類型およびその他が報告されていた。この報告は本来は主として線路設備の維持管理業務の便宜のために作成したもので、必ずしも物理

特性の違いを反映した分類になっていないが、ひとくちに降雨災害と言っても、その発生メカニズムや形態において非常に多様なものを含んでいることがわかるだろう。

風や地震の場合、その作用を近似的に荷重として表現することが可能であり、荷重条件を満たすように構造物や車両を設計することができる。また列車走行の危害事象として支配的な影響をもつのは数秒あるいは高々数十秒の短い時間内の作用であって、基本的にそれ以前の作用履歴を考慮する必要はない。またあくまで当該地点での作用を評価すればよく、それ以外の場所以外の作用を考慮する必要はない。

これに対し、降雨の作用は、風化、流下、侵食、掃流、堆積、浸透、冠水、蒸発散、凍結融解、化学反応、植生相の遷移、等々といった荷重に還元できない様々な形態をとる。またそれら多くは、降雨の作用とその結果の発現との間に、多かれ少なかれタイムラグや応答遅れを伴い、これらの応答性に影響を与える個々の場所の地盤内部に関する詳細情報は入手困難なのが通例である。これらの理由により、力学的な裏付けのある降雨災害の分類や発生メカニズムの高精度なモデル化、降雨災害に対する設備の合理的な設計基準の構築等は大変困難である。

4.2 降雨に対する初期の運転規制基準

降雨時における運転取扱いおよび災害警備について規定された最も初期のものは、『営業線路従事諸員服務規程（明治20年10月逓信省鐵道局）』だとされており、すでに今日の運転規制区分（「運転中止」、

「速度規制」、「警備」）に相当する規定内容が記載されている。

『営業線路従事諸員服務規程（明治20年10月逓信省鐵道局）』（抜すい）

（線路掛員ノ職務）修路掛、「ガンガ」、「プレートレーヤー」等ノ職務

第423條

各「ガンガ」ハ大雨或ハ溢水アレバ其受持ノ区域内ニ在ル溝梁、橋梁ニ水損ノ有無ヲ検査シ若シ危険ノ懸念アルトキハ其景況ニ応シ列車ヲ徐行シ或ハ停止セシムルノ合図ヲ示スベシ而シテ遅滞ナク修路掛或ハ主任技手ニ届出其場ニ出張アルマテハ自ラ線路ノ安全堅固ヲ保持スルニ必要ナル手段ヲ尽スヘシ

乗務員および駅長の取扱いについては、『暴風雨ノ警報アルトキニ於ケル心得方ノ件（明治32年9月7日鐵運乙第2063號）』に規定されているが、その記載内容は主として強風についてのものであり、特に降雨だけについての具体的な記述は見当らない。

昭和40年代から、雨量観測計器の導入、警報の自動化および運転規制基準の整備が全国的規模で進んだ。強風、地震と異なり、降雨については従来から運転取扱いが地域によって異なっていたが、1963年の軌道保守近代化以降、それまで線路分区単位で決められていた災害警備の要注意箇所の選定、運転規制発令の基準が鉄道管理局ごとに統一された。

また東海道新幹線では、開業当初に盛土の初期変状やのり面の表層崩壊の恐れがあったため、鉄道技術研究所での検討結果を踏まえて、一週間前までの日雨量を現在時刻までの経過時間に応じて重み付け

して合計した累計雨量*01と時雨量を危険指標とする統一的な運転規制基準が施行された。

4.3 命を救ったルール

災害時列車運転規制の重要性を語るうえで、1968年8月18日に発生した飛騨川バス転落事故を忘れることはできない。この事故は、岐阜県加茂郡白川町の国道41号において乗鞍岳へ向かう観光バス15台中2台が、記録的な集中豪雨に伴う土石流に巻き込まれ飛騨川に転落、乗客乗員107名中104名死亡という、我が国バス交通史上最悪の事故である。川の対岸には国鉄高山本線が走っており、国道同様、集中豪雨で壊滅的な被害を受けたが、当時の名古屋鉄道管理局の基準に従って適切に運転規制が行われていたため、列車事故の発生は免れた。

この事故および約1か月後の1968年9月30日に発生した富良野線第一富良野川橋りょうの河川増水にともなう橋脚洗掘による貨物列車脱線転覆事故（機関車乗務員3名死亡、車掌3名負傷）を契機として降雨時における適切な列車運行管理の重要性が改めて認識され、国鉄では自然災害に対する運転規制および災害警備の規則ならびに体制の全般について全社的な見直しが行われた。その結果、『運転規制、警備体制の強化（昭和44年11月1日施設局土木課）』によって降雨、地震それぞれの場合における運転規制、災害警備の新しい原則が示された。そのうち降雨に関するものは以下のとおりである。

*01 後述する「実効雨量」と基本的に同じものである。

・のり面災害に対しては、のり面の現有強度、過去の災害歴および周囲の環境変化を判断の上、警備および運転規制に対する時雨量、日雨量、連続雨量の発令基準値を決定する。
・河川増水に対しては、橋脚の洗掘、河床の変化、流水圧、流下物の衝撃を考慮して、警戒水位、徐行水位、および停止水位を決定する。
・降雨の状態が極めて著しい場合は、前号にかかわらず運転を中止する。
・運転規制区間の単位は、通常、駅間または数駅間とする。
・運転規制発令時期の適正を図るため、警報器付き雨量計、警報器付き水位計等の設置を推進する。

以上を当面の基本方針としつつ、引き続き各鉄道管理局における基準の実態についての比較分析および全社的な基準のあるべき姿についての検討が行われ、その成果をもとに、『降雨に対する運転規制基準作成要領（昭和47年9月　施設局・運転局）』が制定された。運転規制決定の責任は、運転を担当し地域の防災特性を最もよく把握できる各鉄道管理局長に帰属する事項とされていたため、この要領は、運転規制基準そのものを定めたものではなく、全社的視点から管理局ごとの基準の考え方の不整合を解消し、また最新の技術的成果を十分に取り入れた妥当な運転規制を実施するための指導文書の性格をもっていた。この要領で新たに指導された主な事項は次のとおりである。

・従来、隣接区域と無関係に保線区単位で基準を定めていたことによる境界での基準の不整合の解消を図る。
・のり面の現有強度や防災工事の効果を反映した適正な保安度を確保するため、常に運転規制発令基準値の見直しを行う。
・運転規制と災害警備が表裏一体をなして機能するよう、両者の関連性についてよく検討して運転規制発令基準値を定める。すなわち、主要幹線級では、最大限列車運転を確保し、災害復旧を速やかに行う必要性から、列車が徐行に入る前に十分な警備体制が敷かれるようにし、地方線級では、運転規制を早めに行い、この間に警備体制を整えることとする。
・従来、運転規制を発動するのが誰かという点に関して各管理局の考え方が必ずしも一律でなかったが、これを統一し、警報装置が鳴動した場合、駅長は列車の抑止を行った後、保線区長に通報し、また、保線区長はあらかじめ定められた基準にもとづき、所定の雨量に達したならば直ちに駅長に対し運転規制の要請を行うこととする。
・線区の重要性を十分考慮し、運転規制区間の区切りを決める。すなわち、主要幹線級については、規制区間の区切りをできる限り小さくして列車運行の確保に努め、地方線級では、相当広い範囲の区間にわたって、早めに運転規制を実施する。
・従来、運転規制基準に用いる降雨の危険指標には、管理局によって「累計雨量」、「連続雨量」、「日雨量」、「時（60分間）雨量」、と各種あり、それらの組み合わせ方も一定していなかったが、これを「連続雨量または時雨量」と「連続雨量さらに時雨量」に統一する。この場合、連続雨量とは降り始めてから降り止みまでとし、およそ半日以内の中断は一雨の範囲内とする。また、連続雨量と時雨量の組み合わせは、数段に分けて定める。（図4・1）
・規制しきい値は、従来の数値や他線区とのつり合いで単純に決めるのではなく、要領に掲げる実施例等を参考に、規制区間内の過去の災害例から統計的根拠にもとづいて決める。

・河川橋りょうの規制水位の決定にあたっては、次の事項を検討し、それらのうち最も低い水位で規制を行う。

1．洗掘を考慮した場合における流水圧、風圧に対する橋脚、橋台の転倒、滑動、支持のそれぞれの安全率（停止に対して1・2、徐行に対し1・5）に対応する水位の最小値

2．流下物に対する危険を考慮する必要のある河川について『河川管理施設等構造令（建設省河川局）』に示してある桁下余裕高 h（停止）および $h+a$（徐行）

3．橋りょう背後の盛土に接する護岸または堤防高による規制水位

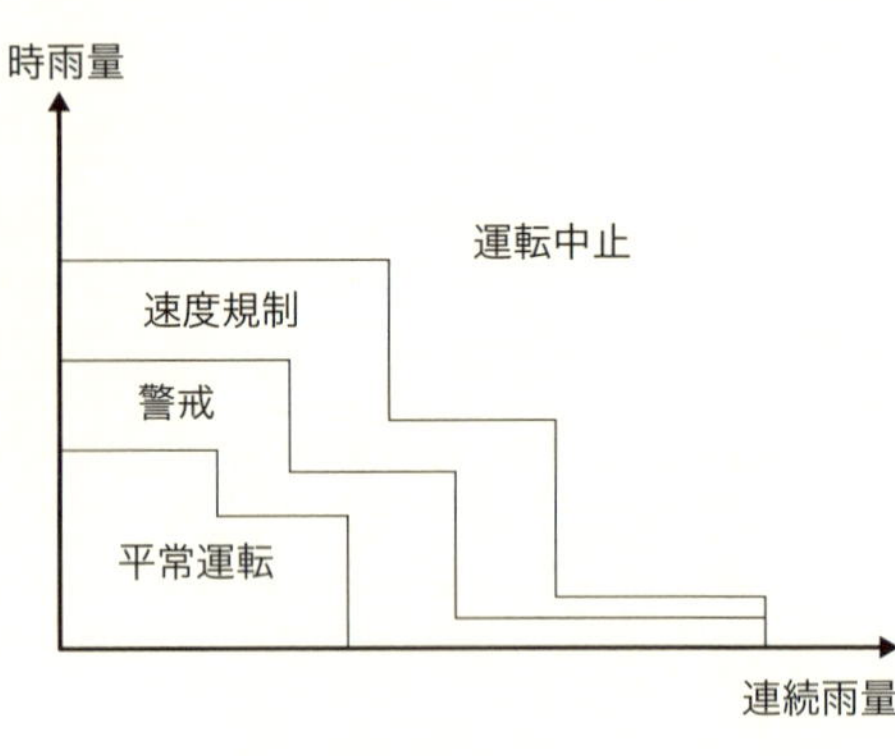

図 4.1　階段状の規制しきい値ラインの例

・一区間の規制発令基準雨量を定める際、介在する橋りょうの水位と雨量の関係を把握し、規制水位に対応する雨量を以て規制発令基準雨量とする。

この要領は、在来線における雨に対する運転規制および災害警備の全社的な基本規則として運用されることとなり、これにもとづいて1973年には各管理局において、線区の防災特性、降雨特性、災害歴等を勘案した運転規制基準の一斉見直しによる適正化が行われた。

また、この要領の制定とほぼ同じ時期に自記雨量計の導入が進められた。これにともなって「連続雨

量」は、前述の一雨の始まりをその前の雨と区別するための基準となる降雨中断時間を正確に12時間として算出し運用されるようになった。

これらの施策の導入の結果、ようやく実を結びつつあった防災投資の効果と相まって、それまで年平均約9件であった降雨災害による列車脱線事故発生件数は、1974年以降1986年までの期間では、約3件へと大幅に減少した。

なおこの間、東海道新幹線においては、前述の開業当初の基準に対し盛土の初期故障の終息に伴う見直しが行われ、それまで危険指標として用いていた一週間前までの重み付き日雨量累計値については、前日から一週間前までの先行降雨の部分に対する重みをゼロとすることが決定された。その結果、過去24時間の雨量と時雨量を用いる独自の規制基準が成立し、これが山陽、東北、上越の各新幹線にも引き継がれた。

このほか計器観測と気象予測により線路災害の発生を的確に予知し、情報を信号現示と連動させることにより運転保安に万全を期することを目的とした総合的な防災システムについての検討が進められ、1975年には大学、気象庁等の部外専門家を交えた委員会での審議を受けて業務資料『防災管理システムの研究報告書（昭和49年度）』がまとめられた。この中で降雨に対する観測仕様に関して、雨量計を沿線上に原則として約10キロ間隔で設置することが基本方針として示された。

4.4 長雨に対する運転規制基準

１９８５年7月11日、能登線古君・鵜川間で気動車列車が時速50キロで力行運転中、進行左側の盛土が一部崩壊し線路が浮いている場所に進入し直ちに非常ブレーキを使用したが全車両が脱線、前3両が盛土の約8メートル下の水田上に落下横転し旅客7名が横転した2両目気動車の下敷きになって死亡、32名が負傷した。

付近の累計雨量は7月10日から11日8時まで約１００ミリだったが、その後、降雨は無かった。現場より約2キロ離れた鵜川駅の雨量計によれば、6月30日より降り始めた雨は7月1日までに１０７ミリ、その後7月4日から降り始めた雨は8日まで降り続き、5日間で４４５ミリに達した。続く2日間降り止んだ後、再び7月10日から降り始め、7月11日8時までに95ミリ、全体で12日間に５４０ミリという記録的な累計雨量（再現期間33年相当）だった。

この盛土崩壊は、このような断続的な大雨によるものと推定されたが、崩壊が発生したと思われる時刻には観測雨量は運転規制発令基準値に達していなかった。調査の結果、その期間の途中に12時間を超える降雨中断があったため、連続雨量としてはその降雨中断後の雨量のみがカウントされていたことが判明した。

この災害を契機として、従来の要領に定めた連続雨量および時雨量によって適切に危険性を評価することができない長雨に対する防災対策と運転規制のあり方について、部外の学識経験者を交えた『降雨時の災害防止に関する研究委員会』を設けて審議が行われた。その結果、能登線災害と同様な長雨による崩壊が発生すると考えられる軟弱地盤上の粘性土築堤等を「長雨重点警備箇所」として指定し、これらの対象区間に対しては、暫定的に従来の運転規制に加えて、一雨の降り始めを定義する中断時間の長さを48時間とする「累積雨量」を危険指標とする運転規制基準（『長雨の影響が考えられる重点警備箇所の運転規制基準の作成方及び取扱方（案）（昭和61年5月施設局土木課・保線課）』）を定めるとともに、この規制規則に対応した降雨量算出、警報機能を備えた雨量測定警報装置の配備が行われた。

4.5 六原事故とその対策

ＪＲ発足翌年の１９８８年８月29日、東北本線六原駅構内の盛土部を時速80キロで通過中のコンテナ貨物列車の前頭機関車が全軸脱線、次位機関車が本線左側に横転、さらにコキ車全18両編成中の第1両目から9両目までが脱線したうえ盛土上から転落するという事故が発生した。調査の結果、この盛土が跨ぐレンガアーチ造の暗きょが上流流域での記録的な集中豪雨による増水のためにダムアップして崩壊し、暗きょ上の盛土が流失していたにもかかわらず、この区間を受け持つ沿線雨量計では大きな雨量が観測されていなかったため、適切な運転規制および災害警備が実施されていなかったことが判明した。

この事故の反省を踏まえ、設備面での対策として、次のような施策が講じられた。

・従来、河川増水に対する運転規制対象箇所の橋脚水位は、災害警備員が現地の量水標を目視で観測することにより把握していたが、これを場外情報伝送装置（テレメータ）に対応した水圧式水位計を橋脚基礎部に設置し、自動計測および常時監視する方法とする。
・従来、雨量計の設置間隔は平均で15キロ程度であったが、これを少なくとも10キロに1箇所となるよう増設する。
・従来、雨量計の観測情報の表示警報装置は、最寄り駅、保線区等に個別に設置されていたが、新たに観測機器のセンサと表示部を通信回線で結ぶことにより、データを遠隔地からリアルタイムで集中監視できる「防災情報システム」を導入する。
・線路沿線の雨量計で観測できない広域的、連続的な降雨状況をリアルタイムに把握するため、気象レーダ情報の表示装置を指令室に設置する。

また、国鉄時代に制定された『降雨に対する運転規制基準作成要領（昭和47年9月　施設局・運転局）』に則って各管理局ごとに定められていた降雨に対する運転規制および災害警備のルールについて、規定内容が曖昧であったり運用において杜撰であった点を見直し、規範としての強制力を従来より格段に強めたＪＲ東日本全社共通の運転規制要領として制定した。

4.6　連続雨量の問題点

これまで述べてきた降雨に対する運転規制基準の成立と改定の経緯は、規定内容の精緻化と運用の厳密化という方向性で一貫しているが、一方でそれは、もともと担当者の経験や勘で適宜補正しながら運用することを前提としていたルールを額面どおりに遵守するように改めたことで元のルールに潜んでいた不整合や不都合が露呈することに対し、ツギハギすることで対処する過程でもあった。

連続雨量を降雨災害の危険度を表現する方法として考えてみると、あらかじめ定めた一定時間以上の無降雨期間が生じるとそれ以前の雨量はゼロとカウントされて危険度を過小評価してしまい、逆に一定時間以上の降雨中断を伴わずに断続的に雨が降り続くと、雨量は増える一方でいつまでたっても減少しないため危険度を過大評価するという不都合があるということは考えてみれば当たり前のことである。もともと連続雨量における「ひと雨」を定義するための降雨中断時間は、まだ自記式雨量計が普及せず人力で朝夕二回の気象観測を行っていた古い時代の線路班の職員の勤務時間に合わせて便宜的に「およそ半日」と決めたものにすぎなかった。

したがって、運転規制への適用にあたっては実際の降雨状況を考慮して判断することが暗黙の前提となっていたはずであるが、自記式雨量計の導入に伴って一律に12時間を中断時間として運用するようになったことが能登線事故の遠因となり、再発防止策として48時間までの中断時間をひと雨の範囲に含める累積雨量を今までのルールに付加する「絆創膏貼り」が必要になった。

ついで六原事故の後に行われた運転規制要領の改定では、新たに明示的な運転規制解除基準が導入されたが、ルールを額面どおり従前の規制しきい値に当てはめると連続雨量の規制しきい値を超過すると雨が降り止んだ後も最低12時間は規制が解除できなくなってしまう。そこで時雨量が一定値（運転中止に対して5ミリ、速度規制に対して3ミリ）未満の弱い雨であれば連続雨量の値にかかわらず運転規制を発令しなくとも良いとする新たなルールを付加することになったが、そうすると今度は、弱い雨であれば連続雨量がどんなに大きくなっても運転規制が発令されないという別の不都合を生じることになる。そこで対策として、連続雨量の運転中止に対する規制しきいを超過してからの総雨量が再現期間10年相当に達した場合は、12時間以上の降雨中断の後でなければ規制解除を行わないように但し書きをつける、という具合に二重の絆創膏貼りが必要になった。

連続雨量と比較すれば、24時間積算雨量のような過去一定時間の雨量の合計を用いる方が、カウント対象とする一定時間以前の雨量の影響は全く反映できないという別の不都合を生じるにせよ危険度の指標としてより合理的だし、時雨量との組み合わせという点でも考え方としてすっきりする。現に新幹線では早い時期からそうしていたのであるが、自記式雨量計が配備される前の在来線では、任意時刻に対する積算雨量を計測することが困難であったため、やむなく連続雨量が用いられ、しかも連続雨量を積算雨量に簡単に換算する方法がないため、自記式雨量計が配備された後も運転規制基準のための雨量指標として長い間使い続けられたという事情があったのである。

4.7 時雨量・連続雨量から実効雨量への移行

降雨災害の発生危険度を連続雨量や積算雨量より適切に表現できる雨量指標は、現業における観測及び計算手段の制約のため、実用には供されなかったものの、古い時代から様々なものが提案されてきた。その代表的なものが「実効雨量」である。

いま次式のように、観測開始時刻0から現在時刻tまで等間隔の各期間毎の雨量r_iについて、1期前の雨量はα（$0<\alpha<1$）倍、2期前はα^2倍というように、1期経過する毎に係数αを乗じて割引き、現在時刻までの和をとったものを「実効雨量」と名付ける。

$$R_t = r_t + \alpha r_{t-1} + \alpha^2 r_{t-2} + \cdots + \alpha^i r_{t-i} + \cdots \alpha^t r_0 \qquad (4.1)$$

一見煩雑であるが、この式は

$$R_t = r_t + \alpha R_{t-1} \qquad (4.2)$$

と等価であるので、現在時刻の実効雨量は1期前の実効雨量をα倍した値に現在時刻の雨量を加算するという簡単な操作で求めることができる。また$H = \ln 2/\alpha \approx 0.639/\alpha$なる量を「半減期」（half-life）といい、ある値を単位時間当たり減少率α（$0<\alpha<1$）で繰り返し割り引いた結果、残存値が元の値のちょうど半分になるまでの時間を表す。

実効雨量は前述の能登線事故の原因究明および対策のための調査委員会においても列車運転規制基準への導入が議論された。しかし半減期の決め方や当時の環境では雨量の計算に手間がかかるという点に課題があったため国鉄時代には実現しなかった。国鉄民営化後、ＪＲ東日本は前述の連続雨量の問題点を解決するとともに、災害の発生・非発生との対応がよい（具体的には、規制時間を同等とした時の災

害の規制見逃しがより少なく、規制見逃しを同等とした時の規制時間が短い）運転規制基準の開発に取り組んだ。

まず、実効雨量、x時間積算雨量、土壌雨量指数を候補雨量指標とし、実効雨量については半減期、x時間積算雨量については積算時間の値域を様々に変えた場合のそれぞれについて、判別しきい値を上回れば規制を発令し、下回れば解除するというルールを適用した場合に、時雨量・連続雨量による従来の規制に比べて災害の発生・非発生との関連性がどの程度改善されるかを、１９７９～２００３年の期間にＪＲ東日本域内において記録に残されたすべての降雨災害２６１０件の発見時刻と災害発生前の点検時刻のデータから推測した災害発生時刻および雨量計記録にもとづいて分析した。その結果、最も規制時間・規制見逃しの改善効果が大きくなるのは、半減期6時間の実効雨量であり、規制見逃しを同等とした時の規制時間は、全社約６００の規制区間の平均で約3割強短縮できることが明らかになった。

つまり、従来の方法では時雨量・連続雨量の二つの指標を用いた複雑な階段状の組み合わせを用いて決定関数を表現する必要があったのに対し、実効雨量では単一の半減期とその判別しきい値だけを用いて、はるかに簡明、客観的に決定関数を構成でき、しかも単にしきい値を上回れば規制発令、下回れば解除、という簡単なルールによって災害の見逃しが少なく、規制時間の短い運転規制が実現できるのである。

ところで、水の染み込みやすさや保水性といったそれぞれの地盤の性状や様々な災害の発生メカニズムの違いを考慮すれば、実効雨量の半減期は本来は一律の値ではなく、目的に応じて異なる値を採用すべきだろう。この際、半減期の値を規制区間ごとに決めようとしても根拠データが少なすぎてやりようがないが、従来の時雨量・連続雨量法と同じく全区間共通のセットとして複数の半減期を用いるということはできないことではない。しかし、ここで問題になるのは二つ以上の半減期を同時に用いる場合の判別しきい値を個々の半減期毎に自由パラメータとして独立に決定するのでは作業が膨大になりすぎるという点である。そこで前述の統計データにもとづいて各災害を捕捉するための「最適半減期」（災害の推定発生時刻における実効雨量値に対する超過時間が評価対象期間をつうじて最も小さくなる半減期）の出現度数分布を調査し、その結果（実際には1・5～96時間の範囲では明瞭なピークがなくほぼ一様な分布となる）を根拠として、各半減期に対する判別しきい値の超過時間の比率をあらかじめ固定しておくことにより、ある半減期のしきい値が決まれば他の半減期のしきい値も自動的に決まるようにした。

　そして最終的に、1・5、6、24時間の三つの半減期を用い、それらの判別しきい値の超過時間比率を1：1：1として各区間の災害に対する規制見逃し件数を従来の運転規制基準に対して非悪化とするように定め、いずれかの半減期の実効雨量の判別しきい値を上回った時に発令し、すべての半減期の実効雨量のしきい値を下回った時に解除するという規制ルールの策定手順が決定された。このようにすることで、半減期6時間の実効雨量だけを用いる場合と比較して従来の規制基準に対する規制区間ごとの平均的な規制時間削減率はわずかながら低下するものの、場所や降雨パターンの違いによる規制時間削減率のバラツキは小さくできることがわかった。

　個々の運転規制における実効雨量の判別しきい値は、過去の災害記録と降雨履歴データにもとづいて、決定関数の損失値が従来の値に対して非悪化となるように決めるのを基本とするが、利用できる災

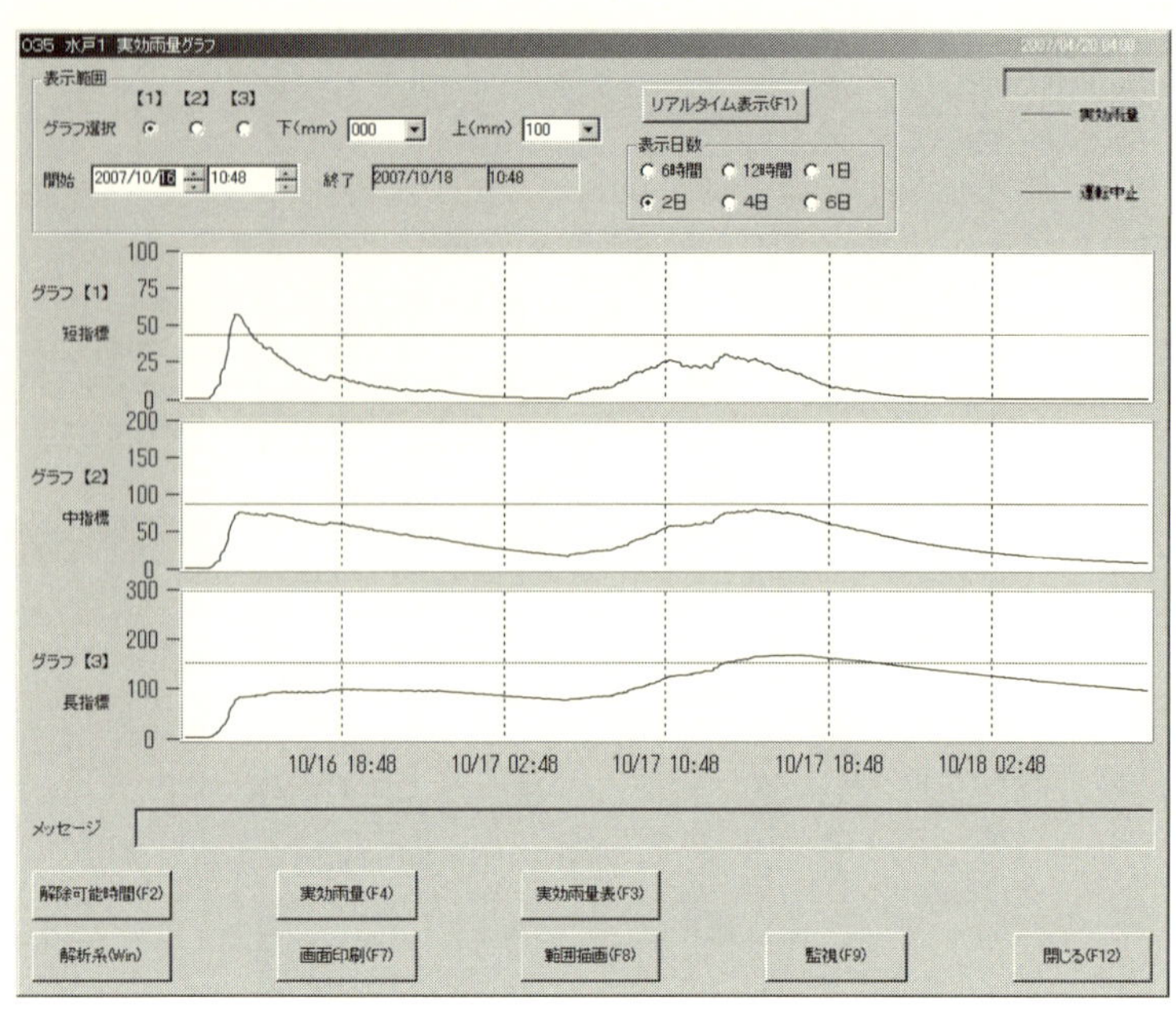

図 4.2　実効雨量による運転規制表示画面の例

害記録データが存在しなくとも降雨履歴データがあれば、1・8節に述べた「非発生予測」の考え方を用いて、「この雨量までは災害が発生したことはない（はず）」という雨量にもとづいて判別しきい値を決めることができる。このような方法によって、実効雨量による降雨時運転規制基準は２００８年度よりＪＲ東日本の在来線全線・全区間に導入されている。

上記以外の実効雨量の利点として、降雨の時系列推移の直感的把握が容易であることが挙げられる。時雨量・連続雨量法では降雨状況を横軸に連続雨量、縦軸に時雨量をとった「雨量特性図」を用いて表示するが、時間軸がないため、時系列の推移を把握することが難しい。実効雨量では横軸が時間軸なので容易である（図４・２）。時間価値を商品とするビジネスである鉄道事業にとってこれは重要な長所である。

第5章 地震と列車運行

地震災害は、降雨災害などと比較すると頻度は小さいが、いったん大地震が起きると被害は広範囲におよび、列車運行にも重大な影響を与える。地震学、地震工学の進歩により近年建設される構造物は耐震性が向上し、既設構造物ついても必要箇所については補強工事が行われている。地震の発生を予知することは依然として困難であるが、地震発生時に一刻も早く列車を停止するための技術も長足の進歩を遂げてきた。本章においてはこれらハード、ソフトの両面における地震対策について紹介する。

走っている列車が
地震に遭ったら

5.1 構造物の耐震設計基準の変遷

大地震の少ない欧米から持ち込まれた当初の日本の鉄道は具体的な構造物の耐震設計法を定めていなかった。1923年の関東大震災が契機となって、1930年鉄道省制定の『橋梁設計標準』や、1931年の土木学会の鉄筋コンクリート標準示方書で震度法が規定化されるようになった。震度法とは、設計水平震度（0・15〜0・3程度）に構造物の質量を乗じた水平荷重を構造物に与えたときに構造物の

各部材に生じる応力がその破壊強度を超えないように部材の断面を決定する設計法である。この設計水平震度は、関東大震災を引き起こした大正関東地震における地動の最大加速度が根拠になっているといわれているが、当時きわめて限られた地点以外に実際の計測記録はなく、被害状況からの推測にもとづいて決められたものであった。

我が国における1970年以前の構造物の耐震設計は、水平方向の設計震度に対する構造物の弾性強度のみを保証するものであり、さらに大きな地震力が作用した場合に損傷が進展し崩壊にいたるメカニズムを設計段階で考慮していなかった。ところが、1968年の十勝沖地震や1971年の米国カリフォルニア州のサンフェルナンド地震において、鉄筋コンクリートの柱がもろく破断する「剪（せん）断破壊」によって構造物全体が大きく崩壊する現象が数多く見られた。1970年代前半にはこの原因調査が数多く行われ、その結果から構造物の強度を上回る地震力に対しても、崩壊という大破壊を防ぐためには剪断破壊を絶対に避け、構造物に「粘り」をもたせなければならないとの結論になった。こうしたことから、1980年代以降の基準では、鉄筋コンクリートの柱の帯（おび）鉄筋をより多く配置するなど、構造部材および構造系全体としての粘りを増すため、多くの工夫が盛り込まれた。

1995年の兵庫県南部地震では、高速道路や新幹線、さらに建物などに大きな被害を生じたが、この第一の原因が作用した地震力が設計で想定したものを大きく上回ったことにあるのは明白であった。そのため、発生確率は極めて低いが一度発生すれば巨大な外力として作用するという特徴を有する地震に対して、設計でどのような地震を想定し、構造物にどのような耐震性能を保有させるかが新たな重要課題として浮かび上がった。その結果、

1．従来の設計基準類で標準的に想定されていた地震動に対応し、すべての構造物に対して損傷を受けない耐震性能を保有することを要請する「レベル1地震動」と
2．発生する確率は極めて低いが非常に強い地震動であって、構造物に期待される使命に応じて、ある程度の損傷が発生し残留変位が生じても地震後比較的早期に修復可能、あるいは最悪な場合でも構造物全体系の崩壊が生じないような耐震性能を保有することを要請する「レベル2地震動」

の2段階の地震動に対する耐震設計基準が成立した。また、兵庫県南部地震で大きく崩壊した高速道路や新幹線、さらに建物などを調査したところ、それらのほとんどは1970年以前に建設されており、その主な原因が、やはり鉄筋コンクリートの剪断破壊であったことで、1970年以降の耐震設計の妥当性が立証される結果ともなった。

右に述べたことから明らかなように、鉄道に限らず土木構造物の耐震設計法は、理論的研究の結果を反映した変更とは別に、地震被害が生じるたびに様々な修正が加えられてきた。

一見これは稚拙なやり方にも思えるが、そうならざるを得ない事情もある。電化製品や自動車のように同じものが大量生産され、製品単価が比較的小さく、かつ期待耐用年数の短い製造物であれば、使用条件を想定した多数のサンプルを用いた実物実験によって、市場に投入される前に製品の性能や信頼性を徹底的にチェックすることが可能な場合も多い。しかし土木構造物は、厳密に言えば同じ物が二つとなく、大規模、高価かつ長期にわたって使用され、また、今後起こりうる地震について妥当な想定を行うための知見はとくに不足しているため、同じような方法を用いて設計をチェックすることはほとんど

不可能である。結局、構造物が地震によってどのように壊れるかについての詳細な情報は、現に供用中の個々の構造物に実際の被害が生じることで初めて明らかになるので、その原因究明の成果を敷衍することの繰り返しによって耐震設計法は進歩してきたのである。

5.2 地震に対する初期の運転規制基準

非常に古い時代の地震時の運転取扱い方法は不明であるが、気象庁旧震度階級（1949年）の制定以降に震度にもとづく運転規制規則が成立したと考えられる。震度は、ある地点における地震動の強弱の程度を表す数値で、現在は震度計によって数値的に計測されるが、震度計の導入（1991~1994年）以前は、気象官署の観測当番員が人体感覚や周囲の地物の動き、被害状況などにもとづいて判断していた。

これに準じて、鉄道では1965年頃までは、駅長または保線区長が地震が発生した際、駅長もしくは保線区長が、最寄の気象台、測候所あるいはラジオ、テレビからの情報により震度を確認することによって運転規制を実施していた。その後近年に至るまでの在来線における地震時列車運転規制基準では、上述の気象庁旧震度階級表に示された震度5以上で運転停止が基本となっていた。これはおそらく、同震度階表の参考事項（1978年）が震度4を「一般の家屋の瓦がずれるのがあっても、まだ被害らしいものは出ない。」、また震度5を「一般家屋に軽微な被害が出はじめる。軟弱な地盤では割れたりくずれたりする。」と表現していることからの類推によって、震度5未満では列車運行に安全上の支障はないと判断したものと考えられる。

その後、地震計による地震動最大加速度の計測が導入された際、「河角式」（震度＝2.0 $\log_{10}$最大加速度＋0・7）にもとづく震度5の加速度範囲80～250ガルの下限値である80ガルが列車運転中止基準値として採用された。

このように気象庁旧震度階級表を天下り式に準用した成立のいきさつがあるのに加え、従来、最大加速度以外での地震動測定が一般的でなかったこと、また、被害程度と地震動の大きさとの関係をデータにもとづいて検討しうる事例が乏しい等の理由から、在来線の地震に対する運転規制方法は、地震計の導入が始まった1950年代以降およそ半世紀の間、基本的に変化しなかった。

国鉄時代をつうじて、本社規程である運転取扱心得には地震時の運転取扱いに関する具体的記述はなく、各鉄道管理局の運転取扱基準規程の中に、運転規制区間の指定、列車指令、駅長、機関士及び車掌、線路保守担当区所長、線路巡回中の保線区員または電気係員の取扱い等、関係箇所の分掌事項の詳細が定められていた。

5.3 東海道新幹線の対震列車防護装置

高速で走行する新幹線列車を地震時に速やかに停止させるための方策として、地震計で一定以上の地震動を検知した場合に電車線への送電を停止する機能を備えた制御用感震器により地震発生の検知と列車の緊急制動を瞬時にかつ自動的に行うことを目的とした地震検知システムは、構想としては東海道新

幹線の計画時点にすでに存在したが、東海道新幹線建設時点においては、具体的な計画が策定されておらず、簡易警報地震計を各保線所12箇所に設置し、地震発生時に地震動の大きさを係員が確認して必要な運転取扱いを行なうという仕様で開業を迎える予定であった。
ところが、開業を目前にした1964年6月16日にマグニチュード7・5の新潟地震が発生し、これを受けて、大慌てで地震時に新幹線列車を自動的に停止させるシステム「対震列車防護装置」の導入が決定された。
開業時点においては、地震動の検知と連動して変電所から列車へのき電を停止する機能を有する制御用地震計の設置が間に合わなかったため、暫定的な措置として、沿線の保線担当事務所に換算震度階を表示することができる簡易地震計を設置し、震度3以上と思われる地震を感知した場合に、駅長ならびに現場機関の長から中央指令への地震感知通告を行い、これを受けて電力指令が全区間の送電を止めることにより列車を停止させる方式であった。列車停止を行ったあとは、震度3では時速70キロの添乗巡回（駅間に停止した列車は時速30キロで駅へ収容）、震度4以上の場合は地上巡回を行い安全を確認した後に運転を再開する方式とした。
地震が起こった場合に自動的に列車の緊急ブレーキを作動させるトリガとして、ATC（自動列車制御）を使用する方法と全線25箇所の変電所に設置した制御用感震器により電源を切る電源を切る方法の二つが検討されたが、最終的にはより確実な電源を切る方法が採用された。感震器に関しては、機械式と電磁式の2種類が試作されたが、最終的には動作原理が原始的で単機能だが信頼性に勝る機械式が採用された。電源を切る基準となる地震動のしきい値は、地震動の初めの段階でできるだけ早く警報を出すこと、不必要な警報は極力少なくすること、制御用感震器の精度、などを勘案して水平加速度40ガルに設定した。この初代対震列車防護装置は、東海道新幹線開業からおよそ1年後の１９６５年11月から使用開始され、この段階で列車停止の自動化が実現した。

１９６５年に至って具体的な仕様が決定された対震列車防護装置は、一定加速度以上の地震動を検知すると瞬時に送電を停止して列車に緊急制動をかける制御用地震計と、総合指令所（ＣＴＣ）に地震発生の情報を表示させる情報伝達系からなり、１９６６年12月9日から使用開始された。制御用地震計は40ガルおよび80ガルの2つの加速度レベルのものが、東海道新幹線の全25箇所の変電所に設置されており、1箇所の変電所においてそのどちらかが作動した場合に当該変電所と両端の隣接変電所の遮断器が開放され、上下線とも平均約40キロにわたる区間内の列車を停止させる仕組みとされた。

また、列車停止後の取扱いは、検知地震動レベルが40ガル以上80ガル未満（40ガル警報のみ作動）の場合には、5分間の自動停電の後、ＣＴＣの指示により時速30キロの速度で運転再開、このとき前頭車に添乗した保線および電気係員が線路と架線状態を点検するとともに車上の動揺測定を行い、異状が無ければその後列車は時速70、１６０、２１０キロと順次速度を向上することとされた。また検知地震動レベルが80ガル以上（40ガル、80ガル警報ともに作動）の場合には、列車停止区間の線路、架線および橋りょう等を地上から一斉点検した後、異常がなければ上記40ガルの場合と同様に順次速度を向上しながら運転再開することと定められた。

5.4 在来線への地震計の導入

1965年頃になると、CTC化等による運転取扱の拠点駅への集約や土木第二次近代化等の効率化施策による組織改正を契機として、それまでの人力による地震動観測と運転規制判断に代えて在来線にも設置されるようになった。これは、揺れの加速度を検知する簡易地震計を運転取扱い駅に設置し、20、40、80ガルの3段階の加速度レベルを色灯で区分し、かつ警報音を発する警報器を地震計を設置した駅の事務室に置いて、点灯した色の別に応じて運転規制を発令するものである。

これらの簡易地震計は、当初、機械式の感震部、記録器をもつものが使われていたが、逐次、サーボ式加速度計を感震部とする電気式に更新され、観測データを指令室等へオンラインで伝達することが可能となった。また地震時に被害が予想される橋りょう、トンネル、長大斜面等には、地震計と連動した特殊信号発光器を設置し、その構造物の強度に応じた加速度の規制しきい値により地震時に列車を現地で停止させるシステムが導入された。

同じ時期に、地震計を含む各種防災観測機器の観測仕様の改良と標準化の検討が進み、1975年にまとめられた『防災管理システムの研究報告書』の中で、連続した運転規制区間を受け持つ地震計の設置間隔をおおむね40キロとする基本方針が示された。

また、地震計は機械式から電気式に更新されるのにともなって短周期成分に対する感度が向上したために、同じ地震動に対して以前に比べて大きな加速度を表示し、地震計によるガル値が河角式と乖離するようになった。そこで1984年には、運転規制に用いる観測加速度が構造物の震害の程度を適切に判断する指標となるよう、計測対象周波数範囲を0・1～5Hzに制限した新しい地震警報記録装置（NEWS）仕様を日本国有鉄道規格に定めた。

5.5 東北新幹線の早期地震検知システム

対震列車防護装置は山陽新幹線にも東海道新幹線とほぼ同じものが導入されたが、東海道新幹線より約18年遅れて開業（大宮・盛岡間）した東北新幹線には、対震列車防護システムを考える上での前提条件の違いを考慮した新しいシステムが導入された。このシステムの特徴は、沿線に設置された地震計で制御する沿線検知システムと海岸線に設置された地震計で制御する海岸検知システムの二重系で構成されている点である。沿線検知システムは東海道新幹線と同じものであるが、海岸検知システムは、東北地方の地震が、東海地方よりずっと多く、しかもその震源地は内陸部より沖合のほうが圧倒的に多い一方、東北新幹線が内陸部を走るという条件を生かして、太平洋に発生する沖合地震に対して、海岸線に配置した地震計でより早く地震波をとらえ、列車を制御することをねらったものである。

海岸検知点の選定にあたっては、太平洋の沖合に発生した被害地震は、地震グループごとに相似性、反復性をもっていることを考慮して、そのグループ分けされた地震に対して最も近くその感知点が適当な間隔であるように、八戸、宮古、大船渡、金華山、相馬、いわき、銚子、三浦半島の8地点が選定された。それぞれの感知点は、数個所の沿線の変電所などを受け持ち、規制することとし、信号は有線で変電所に伝送される。

沿線検知、海岸検知ともに、各検知点には制御用地震計と表示用地震計を各1台設置し、それぞれの検知点は隣接検知点までの区間の中間付近までの数箇所の変電所を受け持ち範囲として制御するように定められた。これらの地震計の危険指標、規制しきい値、列車制御方法、および列車停止後の取扱いについては、東海道新幹線と同様である。

5.6 ユレダスおよびコンパクトユレダス

ここまで述べてきた対震列車防護システムは、いずれも地震の主要動（S波）を検知してその大きさにより列車を停止させる方式であったが、その後、1970年代からにわかに発生が懸念されるようになった東海地震への対策および列車の高速化への対応として、地震の初期微動（P波）を検知して、大きな揺れが到達する前の早い段階で列車を停止させることによって被害を最小限に抑えることを目的とした「早期地震警報システム」の開発が進められた。

財団法人鉄道総合研究所（鉄道総研）が開発した早期地震検知システムである「ユレダス」(UrEDAS: Urgent Earthquake Detection and Alarm System) は、従来の早期地震検知システムにおける感震器が、単に大きな地震動を検知して警報を発する機能しかもたなかったのに対し、以下のような機能にもとづいて、より迅速に警報を発することができる。

1．地震動の初動（P波）で地震の発生を検知

2．検知したＰ波の情報にもとづき直ちに地震諸元（地震規模、震央方位、震央距離、震源深さ）を推定する。
3．推定された地震諸元にもとづき、当該地震によって被害の発生が予想される地域に対して、地震の主要動が到達する前に警報を発する。
4．以上、Ｐ波到着直後の警報を第一次警報とし、続いて、Ｓ波到来直後にＳ波の情報にもとづいて地震諸元の再推定を行い、より精度の高い第二次警報を発する。
5．以上を検知点毎に分散処理によって独立に行う。

ユレダスは１９８５年にその原型が完成して以降、試験観測が継続して行われ、１９９０年からの東海道新幹線御前崎検知点における機能を限定しての試験運用を経て、１９９２年3月に３００系「のぞみ」がそれまでより時速50キロ高い最高時速２７０キロで営業運転開始するのにあわせて、世界初の実用的な早期地震警報システムとして東海道新幹線に導入された。ユレダスとその後継システムは、その後、兵庫県南部地震（１９９５年1月17日）の経験を踏まえて山陽新幹線その他の新幹線各線にも導入されるとともに、その地震諸元推定アルゴリズムが、２００６年より気象庁から配信されるようになった緊急地震速報にも応用されている。１９９２年に東海道新幹線全8箇所の検知点での正式稼動を開始した。

「コンパクトユレダス」は、ユレダスと同じく鉄道総研によって開発された早期地震検知システムである。Ｐ波を検知して警報を発する点はユレダスと同様であるが、検知点近傍の地域の地震動が破壊的なものかどうかを震源諸元推定を経ずにＰ波情報から直接判断する。そのためコンパクトユレダスは、

P波を検知してからユレダスよりも短時間での警報発令が可能である。一方、震源諸元の推定機能が無いため、検知点近傍の地震動しか予測することができない。したがって一基の検知点の守備範囲はユレダスでは約200キロであるのに対し、コンパクトユレダスでは約20キロと狭い。

東北、上越新幹線の沿線及び海岸線の警報地震計（計45基）は、1997年春までコンパクトユレダスに更新され、当時建設中であった北陸（長野）新幹線の沿線および日本海側の海岸線にも海底地震に備えてコンパクトユレダスが新設された。これらは、地震観測データの蓄積を俟ってP波警報機能の調整を行い、1998年10月から正式稼動を開始した。また、JR以外では、東京メトロの地下鉄線に6基のコンパクトユレダスが設置され、2001年4月より運用されている。

なお、東海道新幹線のユレダスは、2005年8月には、初期微動感知から警報発令までの時間を従来の3秒から2秒に短縮した新システムTERRA—S（テラス）に更新された。また、東北、上越、長野の各新幹線も同様のシステムに更新され、2007年から稼働している。

5.7 ガル値からSI値への移行

ガル値は加速度計で比較的簡単に測定可能であり、かつ地震時に物体に働く力の大きさは、その物体の質量と地震により生じる加速度の積となることから地震による揺れの大きさの基本的な尺度として慣習的に用いられてきたのであるが、地震動の振動周期や継続時間と無関係な量であるため、従来から、地震による被害の大きさを必ずしも適切に表現しないことが指摘されていた。そこで、1989年以降に上述の地震警報記録装置（ＮＥＷＳ）で測定した全２９９地震および（独）防災科学技術研究所の地震観測網Ｋ－ＮＥＴおよびＫＩＫ－ＮＥＴにより観測された平成12年鳥取県西部地震と平成13年芸予地震の地震動２４５の波形データを調査した結果、当初の運転中止基準の根拠である震度４・５に対応する加速度は、河角式では80ガルであるのに対し、ＮＥＷＳで観測した最大加速度では平均で１４８ガルと大きく乖離しており、ＮＥＷＳで観測した最大加速度80ガルを運転中止の規制しきい値とする従来の基準が、当初の趣旨に照らすと必要以上に安全な基準となっていることが明らかになった。

そこでＪＲ東日本では、ガル値に代わるよりよい地震動指標と適切な規制しきい値の設定方法を導入するため、新しい地震動指標の候補として、ともに地表最大加速度よりも被害との関連性が高いと考えられる計測震度およびＳＩ値を選んで比較検討を行うとともに、東京ガス等における先行実施事例を調査した結果、新しい地震動指標として数値の定義が単純でリアルタイム警報に適すると考えられるＳＩ値の採用を決定した。

ＳＩ値は、地震によって一般的な建物に生じる被害の程度を推定するためにＧ・Ｗ・ハウスナー（１９６１）が提案した地震動指標であり、次式のように、減衰定数$h=0.2$における周期$t=0.1$～2.5の区間の最大速度応答$S_v(t)$の平均値として定義される。

$$\mathrm{SI}=\frac{1}{2.4}\int_{0.1}^{2.5} S_v(t)\,dt,\quad h=0.2 \qquad (5.1)$$

ＳＩ値による運転規制基準は、前述の地震動波形データにもとづいて、当初の運転中止発令規制しき

い値の根拠とした震度４・５に対するＳＩ値の相当値12カイン（注：kine＝cm/sec）を一般区間の運転中止発令の規制しきい値とし、耐震設計がなされた区間に対する現行の地表最大加速度による運転中止発令の規制しきい値１２０ガルに対するＳＩ値の相当値18カインを耐震設計区間に対する運転中止発令の規制しきい値とした。

また、平成12年鳥取県西部地震（２０００年）と平成13年芸予地震（２００１年）において鉄道被害の発生させた地震動の下限値にもとづいて、従来、一般区間として扱われていた区間のうち、落石や土砂崩壊などの発生の恐れがある区間（「山間区間」）について新たに定め、その運転中止発令の規制しきい値を６カインとした。さらに、上記の各区間区分の速度規制の規制しきい値をそれぞれ運転中止の規制しきい値の半分の数値とした。

新旧の運転規制基準の規制しきい値を超過するデータを集計し、旧基準に対する新基準のカウント数の比を計算したところ、耐震設計がなされた区間および一般区間では、現行規則と安全性を同等に保ちつつ、運転規制の発令頻度を少なくとも半分以下に減らせること、また、従来一般区間として扱われていた区間のうち、落石や土砂崩壊などの発生の恐れがある区間については、別途現行規則と運転規制の発生頻度が同等になるようなＳＩ値を規制しきい値として設定することにより、安全性が大幅に向上することが明らかになった。これらの検討結果にもとづき、ＪＲ東日本では在来線全線においては２００３年４月から、また新幹線全線においても２００５年10月からＳＩ値による運転規制が導入されている。

5.8 既設構造物の耐震補強

前述のように、東海道新幹線の開業後に東海地震の発生が懸念されるようになったため、その対策として1979年から1992年にかけて様々な耐震補強対策が実施された。とくに、東海道新幹線の線路全延長に大きな割合を占める盛土式の線路は、高架橋に比べて建設費が安価であったが、基本的に土を締固めて積み上げただけの古くから用いられてきた構造形式を踏襲したものであり、壊れやすいが壊れても復旧するのが簡単であるという理由で、建設時点では特別な耐震上の配慮がされていなかった。そこで、対策必要箇所を絞り込んだ上で、鋼製シートパイルを盛土の両サイドに直下の軟弱地盤を貫通して基盤層まで打設し、その頭部をPC鋼棒で線路を横断して両側のシートパイル同士を緊結する「シートパイル締切り工法」を施工して盛土区間の強化を図った。2009年8月に発生した駿河湾を震源とするマグニチュード6・5、最大震度6弱の地震により東名高速道路の盛土のり面が40メートルにわたって崩壊したが、対策済みの東海道新幹線の盛土には目立った被害はなく、この対策工法が盛土本体の形状維持に十分効果があることが確認された。

1995年の兵庫県南部地震は、山陽新幹線の高架橋が柱の剪断破壊によって崩壊するという重大事態を招いたが、たまたま新幹線の営業開始時刻の直前に発生したため重大列車事故の発生を免れた。構造物耐震設計技術の変遷の項で触れたように、古い基準で設計されたコンクリート高架橋に剪断破壊の危険があることは、専門家の間ではこの地震の以前から既知であったが、一般には緊急性の高い課題であるとは認識されず、事前に具体的な対策がとられることはなかった。その潜在リスクが、阪神大震災によってあまりにも明白かつ衝撃的な形で顕在化したことで、既設構造物の耐震補強は喫緊の課題として取り上げられるところとなり、急速に対策が進んだ。

鉄筋コンクリート高架橋柱に対する耐震補強対策は鋼板巻き工が標準工法であるが、駅部付近など高架下空間が店舗や事務所、倉庫等に活用されていて鋼板巻き工を採用することが難しい場合等に対処するため、近年では様々な構造や材料による新工法が開発されている。

5.9 地震被害からの迅速な復旧

災害復旧は、第1章で述べたように本書で扱う防災の範囲からは外れるが、一つだけ重要な事例を紹介する。山陽新幹線は、兵庫県南部地震によって壊滅的な被害を受けたにもかかわらずわずか81日間という短期間で完全復旧したが、落下した高架橋、橋りょう上部工の多くを補修して再利用できたことがその大きな背景要因としてあげられる。

当初、落橋によって原位置から大きく変位しコンクリート表面のキレツや鉄筋の降伏、座屈などの損傷を起こしている部材を再利用することを懸念する声もあった。しかし、国鉄構造物設計事務所において、今回のような被害に備えて損傷を受けた構造物の耐力や復旧方法を検討するために行われた綿密な研究の蓄積があり、復旧に携わる専門家グループはその成果をもとに被災構造物の再利用による復旧工事を確信をもって進めることができた。

もし落橋した部材を解体撤去してから改めて作り直したのであれば、その間に新幹線が跨いでいる鉄道や道路が先に復旧されてしまえば新幹線の復旧はそれらの交通を生かしながらの施工とならざるを得なくなる結果、はるかに多大な工期と工費を要したであろうことは想像に難くない。

5.10 新幹線の地震時脱線および逸脱防止

2004年10月23日の17時56分頃、新潟県中越地震が発生し、震央に近い浦佐・長岡駅間の滝谷トンネル北側坑口付近を走行中だった上越新幹線東京発新潟行き「とき325号」の7、6号車を除く計8両が脱線した。地震発生当時、同列車は長岡駅への停車のため、時速200キロに減速して走行中であったが、早期地震検知警報システムによる非常ブレーキが作動し、脱線地点から約1・6キロの地点で停車した。この事故は、1964年10月1日の東海道新幹線開業以来、新幹線の営業列車では初の脱線事故となったため、各種メディアにより「安全神話の崩壊」などと報道がなされ、社会に大きな衝撃を与えたが、過去の地震対策の積み重ねが奏功したことに数々の幸運が重なったことにより、乗客乗員155人に対し、死者・負傷者は1人も出なかった。

その最も大きい要因として、まず脱線現場付近の高架橋において阪神・淡路大震災をふまえた鋼板巻き工法による耐震補強工事が完了していたため、地震による崩壊を免れたことが挙げられる。鋼板巻き工法による高架橋の耐震補強は、多大な経費と長い工期が必要であるため、全体的な優先順位を把握しながら計画的に施工される必要があるが、当該箇所の高架橋は、国が示した一般的な基準に加えて、近傍における活断層の有無などの条件を考慮したJR東日本独自の基準にもとづいて優先的に耐震補強が行われていた。

この列車は、8両が脱線したものの、最後尾車両を除いて軌道を大きく逸脱せず、横転や転覆、高架橋からの転落を免れることによって「ソフトランディング」の状態で停車することができた。この理由として、先頭車（10号車）の排障器座金という部品やギアケースと脱線した車輪の側面がレール左右からを挟み込んだ形で脱線したことにより、脱線後も列車前方のレールがガイドの役割を果たして軌道を大きく逸脱せず停止することに貢献したこと、および、脱線地点がトンネルや高架橋の支柱などに被害が生じた区間ではなく、ほぼ直線であったこと、対向列車がなく二次事故が起きなかったこと、さらに、先頭車以降の車両は脱線した車輪がレールの締結装置を破壊したため走行ガイドを失ったが、最後尾車両が上下線の間にある豪雪地帯特有の排雪溝にはまり込んだまま滑走したおかげで、列車編成全体に大きな引張力が働いた状態で停止に至ったため、車両間の連結部がくの字に折れ曲がる「ジャックナイフ現象」を免れたことなどが挙げられる。東海道新幹線のようなマクラギ・バラスト軌道であれば、この事故の経緯は相当違ったものになっていたことは容易に想像できる。

レールに乗っているだけの構造の鉄道車両にきわめて大きな地震動が作用すれば脱線の可能性があることは明白である。しかし、高架橋の剪断破壊の場合と同様、実際に脱線事故が起きてみるまで、一般にそれが対策すべき課題として認識されることはなかった。兵庫県南部地震以降、土木構造物の耐震補強が急ピッチで進められたが、2004年新潟県中越地震での新幹線の脱線を受けて、巨大地震発生時には鉄道システム全体として減災に努めることの重要性が再認識され、地震時の脱線対策と巨大地震により万が一脱線した場合の逸脱対策が検討された。国土交通省の新幹線脱線対策協議会はその中間とりまとめで、構造物耐震対策、脱線対策（地震検知・警報装置の増設及び更新）、逸脱対策を提言した。具体策として、さらに脱線防止ガード、逸脱防止地上ガード及び車両ガード、レール締結装置等の損傷防止策、非常ブレーキの停止距離短縮化、早期地震検知システムの充実が検討され、鋭意施工が進められている。

第6章

風と列車運行

総体的にみれば、鉄道は風の影響を受けにくい交通機関であると言える。これには、鉄道車両は自動車に比べて重量が大きく、航空機や船舶と違って進路が軌道で拘束されているため風に対して操舵を行う必要がない、等の理由が挙げられる。しかしながら日本では鉄道開業以来今日までに約30件の強風による列車脱線事故が発生しており、この件数は欧州などと比較して多い。ここでは、これらの重要な強風事故事例およびそれらを教訓としてとられた対策について紹介する。

見えない風から
列車を守る！

6.1 風に対する初期の運転規制基準

日本の鉄道において、強風時の運転取り扱いについて初めて規定されたのは、『暴風雨等天災ノ場合運転上特別注意方ノ件（明治31年9月12日鐵作汽甲第1363號）』であるとされている。原典が現存しないためその詳細は不明であるが、暴風雨等の徴候のある場合の乗務員の取り扱いが通達されたといわれている。この通達は、1年後に改正されて『暴風雨ノ警報アルトキニ於ケル心得方ノ件（明治32年

9月7日鐵運乙第2063號)』となり、乗務員の取り扱いに加えて、駅長の取り扱いが規定された。本通達は、荒天時の運転取り扱いについて定めた現存する最古の文献である。

『暴風雨ノ警報アルトキニ於ケル心得方ノ件(明治32年9月7日鐵運乙第2063號)』

第1條
暴風雨ノ警報ノアルトキハ運輸部長ハ運輸事務所長(若ハ驛長)ヘ又汽車部長ハ機關庫主任ニ警戒電報ヲ發ス此ノ場合ニ於テハ左ノ條項ニ依リ施行スヘシ

第2條
運輸事務所長ニ於テ運輸部長ヨリ警戒ヲ受ケタルトキハ爾後天候ノ模様ニ注意シ必要ト認ムルトキハ直ニ所管内各驛ヲ警戒スヘシ

第3條
驛長ニ於テ運輸事務所長又ハ運輸部長ヨリ警戒ヲ受ケタルトキハ爾後天候ノ模様ニ注意シテ必要ト認ムルトキハ左ノ條項ニヨリ臨機ノ處置ヲ爲スヘシ 但本文ノ處置ヲ爲シタルトキハ直ニ運輸部長竝運輸事務所長ヘ其概要ヲ報告スヘシ 風雨強暴ニシテ運轉危険ナリト認ムルトキハ主要驛ヘ其旨通知スヘシ 列車ノ車數ヲ可及的減少スル事 但旅客及混合列車ノ客車ヲ減シタルトキハ主要驛ヘ其旨通知スヘシ 貫通制動機ノ装置アル車輛ノ後部ニ該制動機ノ装置ナキ車輛ヲ聯結スヘカラス 「デッキ」付50人乗形客車ノ聯結セサルコト 2車跨以上ノ貨物其他巨大ノ物品積載車ハ聯結セサルコト 但至急ヲ要スルモノアルトキハ運輸事務所長ノ指揮ヲ受クルヘシ

第４條

列車乗務員ハ運轉中暴風雨ニ遭遇シタルトキハ左ノ條項ヲ遵守スヘシ 風力烈シキ箇所ハ可成列車ノ速度ヲシテ均一ナラシムヘシ又急ニ節汽弁ヲ開キ又ハ急ニ制動機ヲ締結スルコトハ努メテ避クヘシ 前途見透シ難キ線路若ハ故障ノ疑ヒアル線路ハ努メテ徐行スヘシ 運轉危險ト認ムルトキハ可成切取リ其他安全ナル箇所ニ避難スヘシ若シ風力ヲ沮碍スヘキ掩屏物ナク或ハ線路ノ状態ニシテ進行上危險アリト認ムルトキハ機關手ハ後部車掌ニ対シ短急汽笛三聲ノ合圖ヲ爲シ列車ヲ緊張シテ徐々停止セシムヘシ

（以下略）

この通達は、２年後に制定された『列車運轉及信號取扱心得（明治34年９月第82號）』に包括され、さらに全面改正されて『運轉取扱心得（大正13年12月20日達第９１３號）』となったが、強風時の取扱に関する規定内容の主旨は変更されていない。

6.2 風速の測定方法および規制風速の制定

風速計の取り扱いを定めた最初の規程は、札幌鐵道管理局が制定した『風力計取扱手續（大正13年11月29日札鐵達甲第４５１號）』であり、ロビンソン風力計の設置、風速20m/sec 以上の場合の関係者への連絡等が規定された。このロビンソン風力計は、風杯の回転数から20分間あるいは1分間の平均風速を求める風程発信式といわれる方式の風速計である。

風速計が設置されていない停車場等において、風速を目測により測定するための風力階級表は、中央気象台（現在の気象庁）で用いられていたものが明治末期に伝えられたといわれているが、鉄道独自に規定されたもので最も古いものは、『暴風雨ノ際ニ於ケル取扱方ニ關スル件（大正14年3月2日門司鐵道管理局報通達）』である。

また、運転規制の風速値が最初に制定されたのは、札幌鐵道管理局が運轉取扱心得の細部の取扱いを定めた『運轉取扱心得細則（昭和5年6月札鐵達甲第174號）』である。同心得細則には、風速20m/sec 以上の場合には、心得第221條第2號（空車等の連結禁止）の措置、風速30m/sec 以上の場合には、同條第1號（列車の抑止）の措置をとるよう規定されている。

1934年9月21日8時35分、関西地方に襲来した室戸台風により、東海道本線草津・石山間の瀬田川橋りょう（単線並列橋りょう）において、時速10キロで運転中の急客第7列車（客車11両編成）の3両目以下9両が脱線転覆（上り線橋りょう上に横転）し、旅客11名が死亡、旅客および職員等216名が負傷するという事故が発生した。

また、この事故直前の8時15分には、東海道本線高槻・摂津富田間において、暴風雨により停車中の客列車（客車6両編成）の後部客車3両が転覆し、旅客および職員計13名が負傷するという事故も発生していた。事故当時に京都測候所で観測した風速値は、8時15分から45分間までの平均で30.5m/sec、最大は8時28分の42.1m/sec（風向南）であった。

この事故を契機として『風速計施設及保守心得（昭和10年12月7日達第1131號）』が制定され、

各鉄道管理局における風速計の構造規格、設置条件、保守等の取扱い方が統一された。この心得では、風速計を甲種（風程発信式）、乙種（瞬時値発信式）および丙種（甲種および乙種以外）に分類しているが、このうち乙種風速計は、現在と同様、風杯下部に直結した発電機により風杯の回転を電流に変えて瞬間風速を測定する方式であり、このような早い時期から使用開始されていたことは注目に値する。

6.3 強風時の運転規制基準の制定

１９２４年に制定された『運轉取扱心得』は、第２次世界大戦後に『運轉取扱心得（昭和22年２月12日達第60號）』として全面改定され、強風時における運転取扱が、戦前に各鐵道管理局が制定していた細部の規定を踏まえて統一された。

『運轉取扱心得（昭和22年2月12日達第60號）』（抜すい）

第５４５条

風速計の設置してある停車場の驛長は、これにより測定した風速が20米以上になったときは、その状況を逐次管理部長に報告しなければならない。風速計の設置していない停車場の驛長は、目測により風速が20米以上になったと認めたときは、前項に順じてその状況を逐次管理部長に報告しなければならない。

第５４６条

驛長は、風速が25米以上になったと認めたときは、次の各號の取扱をしなければならない。

1．突風等のために列車の運轉が危険であると認めたときは、その状況に應じて、一時列車の出發又は通過を見合わせること。

2．空車又は輕量で大きな貨物を積載した貨車は、なるべくこれを列車に連結しないこと。

3．留置してある車輛に對しては、嚴重にその轉動を防止する手配をすること。

第547条

管理部長は、氣象通報又は驛長からの報告により、風速が30米以上になると認めたときは、一時列車の運轉を見合わせる旨の指令をするものとする。風速が30米以上になったと認められる場合で、管理部長から指令のないとき又は指令を受けることができないときは、驛長が一時列車の運轉を見合わせて、速やかにその状況を管理部長に報告しなければならない。

第548条

列車を運轉している途中で暴風雨に遭遇したときは、機關士は、次の各號の取扱をしなければならない。

1．風速のはげしい箇所は、なるべく列車の速度を變化しないように努めて、急に制動機を緊締するような取扱をしないこと。

2．列車の運轉が危険であると認めたときは、なるべく安全な箇所に停止すること。

6.4 余部(あまるべ)事故の発生

１９８６年12月28日、山陰本線鎧・余部駅間の余部橋りょう（１９１２年完成、長さ３１０メートル、高さ41メートル）上において、風速30m/secを超える強風により、時速55キロで運転中の臨回客第６５３５列車（ディーゼル機関車1両、客車7両編成）の全客車7両が脱線、橋りょう下の水産加工場および民家上に転落し、同工場の従業員5名および車掌1名の計6名が死亡、同工場の従業員3名および列車乗務中の日本食堂㈱社員3名の計6名が負傷するという事故が発生した。この橋りょう上における事故当時の風速記録は第7号橋脚上に設置されていた風速計で約33m/secであった。この事故の原因を技術的に解明し、適切な対策を樹立することを目的として、学識経験者を含めた『余部事故技術調査委員会』が１９８７年2月9日に設置され、調査、検討が進められることとなった。

6.5 余部事故技術調査委員会の調査結果を踏まえた対応

前述の余部事故技術調査委員会の検討の過程および最終報告書を踏まえ、ＪＲ東日本においては強風時の運転取扱いおよび関係設備の整備について、次のように決定した。

・平均風速から瞬間風速への移行

従来、風速計の設置されていない停車場においては、気象庁風力階級表を使用して目測により風速（平均風速に相当）を求めていたため、規程に定めてある風速は平均風速であるものとして運用され、風速計で計測した瞬間風速も10分間の平均風速に換算して使用していた。これに対して、余部事故技術調査委員会の検討の過程において、風速が列車または車両の転覆に大きな影響を与えるのは瞬間風速であり、運転規制は平均風速ではなく瞬間風速によって行うべきであるとの決定がなされた。このため、ＪＲ東日本では、管内の風速計がすべて瞬時値発信式となっていることを確認した上で、１９８７年10月から風速計で計測した瞬間風速をそのまま運転規制に用いることとし、また、風力階級表を使用して目測により風速を求める場合には、風力階級表が平均風速に相当するものであることを考慮し、一段高い風速階級へ読み替えて使用することとした。

・運転規制解除に関する「30分間ルール」の導入

従前の10分間平均風速の場合には、風速が規制値に達したら運転規制を発令し、規制値を下回ったら解除するという運転規制ルールが採用されていたが、これをそのまま瞬間風速に適用すると、短時間の風速変動によって運転規制の発令、解除が頻繁に交替するため、運転取り扱い手続きがこれに追随できなくなる恐れがある。そこで、ＪＲ東日本における新たな社内ルールとして、運転規制の発令は、従来どおり規制風速に達した時点で行うが、解除は、風速が規制値未満となり、かつ一定の待機時間が経過した後に行うこととした。

この待機時間を長くすると、風速が規制値を超過した際にすでに運転規制が発令されている確率が高まり安全性が向上する一方、運転規制の継続時間が増大する。逆に待機時間を短くすると、運転規制の継続時間は減少するが、安全性が低下する。そこで、これらのトレードオフの関係を多くの風速観測データについて調査し、その結果にもとづく妥当な値として、待機時間は30分間に決定された。そのため上記社内ルールは、通称「30分間ルール」と呼ばれるようになった。

・「早目運転規制区間」の導入

余部事故後に車両模型風洞試験の結果を用いて余部橋りょう上の14系中間車両の転覆限界風速をそれまで一般に用いられていた「国枝式」を用いて計算したところ、約32m/secという数値が得られ、従来の標準的な運転中止風速である30m/secに対し、きわめてわずかな余裕しかないことが明らかになった。また、国枝式では、転覆限界風速は車両の属性と走行状態（速度とカント）にのみによって決まると仮定されているが、風洞試験の結果、線路構造物や周辺地形にも影響を受けること、特に車両が桁高の大きい上路鈑桁の橋りょうや高築堤上にあるときには、横風によって車両により大きな抗力が働くため、平坦地上のときと比較して転覆限界風速が小さくなることが明らかになった。さらに、転覆限界風速に対する停止基準風速の余裕については、風速の時間的な変動を考慮する必要があり、余部事故の時のように風速が急激に増大する恐れのある場合には、通常の場合より「早め」に（つまり低い風速で）運転中止を行う必要があることが指摘された。

そこで、橋りょうの構造、地形等環境条件および過去の風速記録等から、一般の箇所より早めに運転規制を行うことが望ましい箇所（『早目運転規制区間』と呼称）については風速25m/sec以上で、その他の区間（「一般規制区間」と呼称）については風速30m/sec以上で列車の運転を中止、また、運転中止の風速値よりも5m/sec低い風速値（早目規制区間では20m/sec、一般規制区間では25m/sec）で、列車の運転速度を25km/hr以下に規制することとした。

一方、新幹線では上述の「30分間ルール」の導入による輸送障害が予想以上に大きくなったため、それまで考慮されていなかった高架橋上防音壁の防風効果を実測および風洞模型試験によって評価し余部橋りょう事故以降、鉄道車両の横風に対する空気力学特性、特に転覆限界風速に関する研究が長足の進歩を遂げた。その結果にもとづいて、一定の条件を満たす区間については運転規制発令基準風速を従来より5m/sec上方に緩和した。

なお、2005年12月25日、羽越線砂越・北余目駅間で発生した列車脱線事故の原因として突風の可能性が指摘され、これに対する当面の対策として、在来線の一般規制区間については、それぞれの規制区分の発令風速を5m/secずつ引き下げ、早め規制区間と同じ値とした。

6.6 横風に対する車両の空気力学特性に関する研究

国枝式は転覆限界風速の簡便算定法としてはすぐれており、適切な安全率を見込んで用いるかぎり車両の設計や運転規制風速の設定といった実務的な用途には十分耐えられる。しかし、余部事故やそれ以降に経験した強風事故の経験を踏まえて、個々の事故の発生メカニズムの詳細な解明のためには国枝式では不十分であり、実現象をより精緻に再現できる方法が求められるようになった。そこで、鉄道車両の横風に対する空気力学特性に関する研究が精力的に行われるようになった。

まず、横風の空気力の評価に関して、鉄道総合技術研究所が米原に建設し1996年に使用開始した大型低騒音風洞（米原風洞）を用いて、代表的な車体および線路構造物の断面形状を組み合わせた縮尺

模型を用いた一連の風洞試験が行われ、様々な組み合わせパターンごとのベンチマークとなる空気力係数値が決定された。

また、転覆限界風速の評価に関して、国枝式をベースとしながら、国枝式では考慮されていなかった様々なパラメータを取り込んだ標準的な静的解析式である「鉄道総研詳細式」が提案されるとともに、さらに動的解析式へと拡張され、走行実物車両、実大車両・構造物模型、および縮尺模型等を用いた実験によって各解析式の妥当性の検証が行われた。

これらの研究の結果、横風に対する車両の空気力学特性に関する知見が長足の進歩を遂げ、様々な横風対策の効果を客観的・定量的に評価するための根拠として活用されるようになった。

6.7 強風警報システムの開発・導入

5・9節で述べた被災構造物の再利用という素人目には型破りとも思われるような復旧方法が、実は長年の研究成果によってその正当性が保証されたものであったのとは反対に、ＪＲ東日本が余部事故の再発防止策として採用した「平均風速から瞬間風速への移行」、「30分間ルールの導入」、「早目運転規制区間の導入」の3点セットは、文字どおり素人考えで妥当なものと判断して導入した結果、想定以上の輸送障害を引き起こして大きな問題となった。

多くの場合、これらの問題は主として多額の工事費と長い期間を費やして運転規制多発箇所に防風柵を設置して運転規制発令風速を引き上げることによって解消されたが、本来はある程度までは運転規制ルールの改善によって解決できる問題である。

そもそもの間違いは、3・2節に述べた運転規制基準の構成要素における危険指標と決定関数を混同ないし同一視したことにあった。車体に与える横風の空気力を評価する危険指標として平均風速ではなく瞬間風速の方がより適切であることは、昔から誰でも知っていることであり、運転規制用に設置された風速計の測定、表示、記録も余部事故が発生する前から瞬間風速で行われていた。ただし、瞬間風速はとくに強風時には目まぐるしく変動するため、それをそのまま決定関数として用いたのでは運転規制の発令・解除のタイミングに情報伝達や運転操作が追随できなくなってしまう。そこで、一般に瞬間風速は10分間平均風速の1・5ないし2倍程度の値になるという経験則を拠りどころとして、運転規制の決定関数及びその判別しきい値には平均風速を用いてきたのであり、その考え方自体に不都合があったわけではない。したがって、運転規制ルールの見直しも、決定関数として用いる風速は従来どおり平均風速のままとしたうえで、その判別しきい値を余部事故を踏まえた転覆限界風速の再評価に対応した値に引き下げるという形で行っておれば、輸送障害の増大は実際に経験したよりもはるかに軽微なもので済んだはずである。

前述の3点セットの導入で新たに生じた最大の問題のひとつは、瞬間風速が判別しきい値をほんの一瞬だけ超過するというしばしば遭遇する状況において、空振りにならざるを得ない無駄な運転規制が最低30分間にわたって継続してしまうという点であった。瞬間風速は平均風速とちがって、同時刻でも少し離れた場所では大きく違う値になることが珍しくない。したがって風速計の位置で強い風が吹いたことが最寄り駅などにいたのではわからず、『たかがこの程度の風でなぜ列車が止まるのか』という乗客からの苦情が多いだけでなく社員からも評判が悪かった*01。

従来であればこのような場合、瞬間風速と平均風速を両睨みにして、平均風速が増加傾向なら早めに運転規制を発令し、瞬間風速が一瞬大きくなっただけならば、運転規制を発令せずにしばらく様子見をする、という判断を指令員が行うことで対処していたはずであるが、余部事故後の経緯を踏まえると、今さら平均風速や人の判断に頼る規制ルールに戻ることは禁じ手であった。

そこでＪＲ東日本では、時系列解析と呼ばれる統計手法を用いて、平均風速や人の判断ではなく、瞬間風速と客観的な判断アルゴリズムを用いつつ、「3点セット」の問題点を解消できる運転規制ルールの開発に取り組んだ。この新しい運転規制ルールの概要を述べると、まず一定時間ごとに観測された瞬間風速の時系列データを現在時刻付近での風速の中心的な傾向を示す「トレンド風速」とトレンド周りでの不規則な風速変動に分離してモデル化し、ついでこのモデルにもとづいて数十分間先までの「将来風速」を推定する。この予測値がピンポイントに的中することは決してないが、真値に対する予測誤差の分布を理論的に評価することにより、1・8節に述べた「非発生予測」(正式な統計学の用語では「区間推定」と呼ばれる手法)を用いて、ある将来時刻までに風速が任意の値を超える確率を計算することができる。

ついで、この予測風速がある確率以下でしか超えない上限風速を瞬間風速の判別しきい値と比較し、「上限風速≧判別しきい値」の時に運転規制を発令し、「上限風速＜判別しきい値」で解除するルールを考えると、規制の継続時間を費用、上限風速を実風速に対する超過量の期待値を損失として、このルールを第3章に述べた方法を用いて定式化できる。「3点セット」の運転規制ルールも同様に、風速が判別しきい値を超過するごとに30分間の運転規制を行うことによる費用としきい値に対する観測風速の超過量の期待値に応じた損失を生じるとして、同じ尺度を用いて定式化できる。

最後に、数多くの風速時系列のデータセットにもとづいて前述の上限風速を決める超過確率の値を現行ルールに対して損失が非悪化となるように設定し、その結果得られた新しい運転規制ルールを現行ルールと比較を行うことにより、新しい運転規制ルールを用いることで安全水準を従来と同等以上としつつ、運転規制時間を平均で2ないし4割削減することができることを検証した。ＪＲ東日本では、２００５年より、この予測モデルによる運転規制ルールを実装した「強風警報システム」を各線区に順次導入し、在来線全線区で稼働させている。

＊01 参考文献［15］の題名はこれにちなんで付けられたものらしい。

第7章

鉄道の雪氷害とその対策

化学式では水と同じH_2Oでありながら積もった雪や氷もその姿を様々に変え、それらが鉄道にもたらす障害もまた多様である。ここでは、それら鉄道における雪氷害の類型とその対策について概観する。

新幹線から駅舎まで
雪との闘い

7.1 視程障害

冬季に雪国の道路を運転中、大量の降雪に強風が加わって地ふぶきになり、視界が真っ白になって言葉に尽くせない恐怖を味わった経験のある人は少なくないだろう。列車は自動車と違って信号さえ視認できれば運転が可能であり、乗用車に比べて運転席の位置が高いため地ふぶきによる視程障害の影響は受けにくい。しかしそれも程度問題であり、信号機が視認できないような大雪になれば正常な列車運行は不可能になる。

7.2 制動障害

列車のブレーキは車輪の踏面やブレーキディスクを制輪子が締め付ける仕組みになっている。この部分に雪や氷が挟まるとブレーキの効きが悪くなる。これを防ぐために、地域によっては自動車と同じく降積雪期には「冬タイヤ」に履き替えたり、「耐雪ブレーキ」といって、特別な運転技術を使って運転する。大都市圏など、普段は雪が少ないところで大雪になると、視程障害と制動障害とが原因で、列車が通常の速度で安全に走ることができなくなるため、遅延が生じたり、間引き運転が行なわれたりする。

7.3 線路除雪

初期の鉄道においては、除雪の主体は人力であり、人力除雪で間に合わない多積雪期には列車の運転を休止することもごく当たり前であった。雪払車（いわゆる除雪車。雪掻き車とも呼ぶ。）は１８８０年に開業した北海道の手宮・札幌間で営業を開始した幌内鉄道で初めて導入され、その後各地で使用されるようになったが、１９００年代以前の除雪車の基本的構造は、機関車の前頭部に鉄板貼りの木製鋤を設置したもので、除雪速度は遅く、脱線することもしばしばであった。

その後、当時の貨物列車並みの速度で除雪でき、しかも脱線も少ない米国製の単線用ラッセル雪掻車を帝国鉄道院が１９１０年に購入したのに始まり、１９１３年に同社から複線用ラッセル、１９２３年にラッセルでは間に合わない線路上の大量の雪を遠くへ飛ばすための除雪車として、回転式雪搔車（ロータリー除雪車）を、さらに1926年には、線路脇に排除された大量の雪によってできた雪の壁を取り除くことによってラッセル雪搔車による除雪を容易にするための広幅雪搔車（ジョルダン・スノープラウ）、カナダ国鉄のマックレー氏の考案になる雪の搔き集めを専門とするマックレー雪搔車が導入され、いずれも国産化されて使用された。進行前方から機関車、マックレー雪搔車、ロータリー除雪車、機関車の順序で配置された「キマロキ」編成は標準的な除雪列車として1960年代まで運転されたが、その後、動力近代化に伴う蒸気機関車の淘汰と電化およびディーゼル化および排雪、投雪機構の改良により高機動性と高能率性を有する除雪車両や機械の導入が進み、降積雪に対する線路の耐力は格段に向上した。

7.4 分岐器除雪

線路の除雪で最大のネックは、分岐器である。この部分が大量の降雪や車体から落下する雪塊を挟み込んでポイントの切り替えができなくなると輸送に大きな支障を生じる。しかもこの部分の雪は除雪車では処理できない。

分岐器の雪対策は、昔はポイント全体を工作物で覆ったり人力によって行っていたが、現在ではヒーターで雪を融かす方法がとられている。雪国の鉄道の場合、毎年のことなのでこのヒーターは常設であるが、数年に一度しか雪が降らない場所ではそのためにすべての分岐器にヒーターを設置して維持管理するのは不経済であるので、大雪の時だけ臨時のヒーターを設置して対応することもある。この設置作業は人力で行う必要があり、その実施の的確な判断のためには降積雪の予測が重要であるが、寡雪地での降雪は、そもそも滅多にないことであるため1・9節に述べた理由により予測が難しいのに加え、そのような地域では雪が降るのは気温が0度C付近でのことが多いので・降水を正しく予測できたとしても、雨になるか雪になるかを判別することが極めて困難である。

7.5 駅構内除雪

駅構内は面積が広いため除雪作業は大変である。昭和30年代までは、ほとんどの駅で雪を人力で貨車に積み、川などに捨てることで対処してきたが、その後、水の流れを利用した流雪溝が雪捨て列車に取って代わり、駅構内の雪処理に欠かせない設備として普及して行った。ただし北海道の厳寒地のように流雪溝の水が凍結してしまうようなところには適用できない。

7.6 吹きだまり

風によって運ばれた雪が堆積する吹きだまりは、せっかくの除雪作業の効果を一瞬にして台無しにしてしまう。これを防ぐための方法として、線路脇に設置する防雪柵、雪堤などがあるが、もっとも効果的なのは第8章に述べるふぶき防止林である。

7.7 なだれ

斜面に降り積もった雪が大規模に滑り落ちることで起きるなだれは、単なる降雪や積雪と異なり、人命に関わる列車事故を引き起こす可能性があるので、冬季間において最も注意を要する自然災害の一つである。

なだれの発生しやすい場所は、斜面の傾斜角、地表面の状態（例えば無立木地や疎林では起きやすい）、気象条件等によってあらかじめ絞り込むことができるが、いつ起きるかを実用的な精度で正しく予測することは難しい。

なだれ対策には、大きく分けて、なだれの発生を予防する方法と、発生したなだれから線路や列車を護る方法の二つがある。前者には、なだれの発生源となる尾根付近を含む斜面全体になだれ防止林を造成したり、杭や柵、階段工などを設置することが行われる。一方、発生したなだれから線路や列車を護るためには、雪覆いや擁壁、なだれ誘導堤などが設置されている。これらのほか、発生したなだれの検知のため、電気信号網を敷設したり、融雪期に地上やヘリコプターを用いて上空から線路を巡回して安全を確認することなどが行われている。

7.8 凍上

北海道や本州の一部の地域では、寒気によって土中の水が凍結して氷の層が発生し、それが線路の路盤を持ち上げて隆起することがあり（凍上現象）、レールの高さや幅に狂いが生じて列車の脱線にいたることがある。これを防ぐためには厳冬期に凍上箇所前後のレールと路盤の間隙に小木片（「はさみ木」という）を凍上量に応じて順次はさみ込み、融凍期に徐々に抜き取る作業（「はさみ木作業」）を行ったり、路盤の下に断熱材を挿入して寒気が路盤下へ侵入するのを防ぐための工事が行われる。

7.9 つらら・凍害

北日本の山岳トンネルでは、地山の水が覆工から染み出したところへ寒気に晒されて氷結し、つららや側氷が発生することがある。大きな氷柱や氷塊となるには単に温度が低いだけでなく、寒暖がある程度繰り返される必要があるが、豪雪地帯では長さが数㍍に及んで地面に達することもあり、列車の安全運行を大きく阻害する。また、地山背面の凍結はトンネルの構造そのものを劣化させる危険性がある。

これらへの対策として、過去何十年にわたって保線や電力の係員による夜明け前のつらら落としや軌道整備といった過酷な作業が行われてきたが、近年になって既設、新設それぞれのトンネルに適用できる覆工断熱処理工法が開発され、効果を上げている。

7.10 着雪・着氷

気温が低く、かつ湿度が高い冬の晴れた夜間には、電車線（架線）に霜が付着し成長することがある。このような架線着霜が発生した区間を電車が走行すると、パンタグラフと架線との間に介在する霜により離線が発生し、これに伴うアーク放電がパンタグラフの損傷、架線の溶断等の事故の原因となることがある。こうした事故の低減対策として、霜の付着および成長を抑制するための油などの凍結防止剤の塗布、架線に付着した霜を除去するためのトロリ線の加熱、さらに霜取りカッターや無集電パンタグラフを搭載した「霜取り列車」と呼ばれる臨時列車の早朝運行などが行われている。

7.11 東海道新幹線における雪氷害と対策

計画・建設時点において、東海道新幹線は強力なモーターを備えた車両が高速で走行することが線路に積もった雪を跳ね飛ばす上ではむしろ有利であり、在来線と同等以上の特段の雪害対策は必要ないと考えられていた。また、開業前の各種試験が試験車両を走らせて行われた神奈川県小田原市鴨宮の試験線は、比較的温暖な地域であったため、降積雪時の高速運転によってどのような雪害が生じるかという検証はできなかった。このことが、開業後大きな問題となったのである。

東海道新幹線の雪氷害は、開業直後の1965年1月5日深夜から関東地方沿岸部に降り積もった雪が車両の機器に侵入して電気絶縁を破壊したために走行できなくなり、年始輸送に大混乱を引き起こしたことから始まった。また翌冬からは、高速運転のために舞い上げられた雪が車両床下に付着して雪氷塊となり、これが走行中に落下して軌道のバラストを跳ね上げ、これが車両の機器やガラス窓や線路外の家屋を損傷させるという、これまでの鉄道ではほとんど見られなかった想定外の雪氷害が新たに頻発するようになった。

当初その対策として行われたのは、降積雪時における列車の速度規制（徐行）であり、雪の舞い上がりを抑え車両着雪の落下に伴う被害を軽減する効果はあったが、一方で高速性と定時性が売り物の新幹線のダイヤに大きな乱れが生じることになった。

その後、車体への着雪を防止する対策としてスプリンクラー散水による濡れ雪化、車両からの落雪対策としてバラスト飛散防止マットの設置、線路の除雪、停車駅での着雪落とし、分岐器の融雪、列車の徐行速度を適切に判断するための方策として高解像度カメラによる正確な着雪量の把握等、雪による列車の遅れを最低限に止めるために様々な方策が講じられている。

7.12 東北・上越新幹線以降の雪氷害対策

1982年6月に開業した東北新幹線（大宮・盛岡間）、および同年11月に開業した上越新幹線（大宮・新潟間）の建設に際しては、東海道新幹線における雪氷害の経験から、異常降雪時を除き常時正常運行を目標とするという基本的な考えが示された。これを受けて、ほぼ全区間にバラストのないスラブ軌道が採用されるとともに、車両対策として、床下部を全体的に鋼板で覆うボディマウント構造が採用され、これによって車両の下部を雪が付着しにくい構造となり、覆いが完全にできない台車部付近に付着した雪が走行中に落下しても、機器はボディマウントで保護されているので、機器の損傷や電気障害を防ぐことができるようになった。

また、東北・上越新幹線およびそれ以降の北陸、北海道新幹線においては、線路高架橋の構造および雪害対策について沿線各地域の降雪量、積雪量、雪質、気温、地域の特性等の調査結果をもとに最適な方法が選定されている。東北と上越の両新幹線はほぼ同じ時期に開業しているが、東北新幹線では営業車両によりかき分けた雪を再現期間10年期待値相当量まで高架橋内に貯めることのできる貯雪式高架橋が採用された。これに対し、上越新幹線では日本有数の豪雪地帯を通過するため、上毛高原以北で全面的に雪を融かす散水消雪装置が採用された。

その後建設された整備新幹線のうち、北陸新幹線（高崎・長野間、１９９７年開業）、東北新幹線（盛岡・八戸間、２００２年開業）では主として貯雪型が採用されているが、東北新幹線（八戸・新青森間、２０１０年開業）では多雪地域を走行することから、散水消雪型が採用されている。このように、ある程度の量までの雪であれば貯め、それ以上の場合は融かすのを基本方針としつつ、北陸新幹線（長野・金沢間、２０１５年開業）では、通常の貯雪型では貯雪スペースが不足する場合に高架橋の防音壁部に斜めのひさしを設けて積雪量を減らすための「半雪覆式貯雪型」、さらに積雪量が多い区間では、貯めきれない雪を除雪機械を使って高架橋の外へ捨てることのできる「側方開床式貯雪型」、また、北海道新幹線（新青森・新函館北斗間、２０１６年開業）では、「閉床式貯雪型」、「半雪覆式貯雪型」に加え、北海道の軽くて乾燥した雪質を生かして、高架橋に開口部を設けることにより積もった雪を走行列車で高架橋下に排雪することで貯雪スペースを不要とした「開床式」が取り入れられるなど、高架橋の構造形式や除雪方法に線区に応じた様々な工夫が凝らされている。

第8章

鉄道林：その機能と施業

鉄道林は、ふぶき、なだれ、土砂崩壊、落石、飛砂、強風、などによる災害を防ぐ目的で線路の周囲に造成される森林であり、鉄道システムを構成する数々の要素施設の中でも、歴史の古さ、規模、防災効果の大きさのいずれからみても重要な施設であるにもかかわらず、一般人はもちろん鉄道関係者の中にもその存在について知る人の少ない、いわば、きわめつけの“unsung hero”（縁の下の力もち）である。

近年、鉄道林を巡るさまざまな自然的、社会的、技術的環境条件の変化によって本来の役割を終えるものや従来の施業法が時代の要求にあわなくなったものが顕在化する一方、環境保全への取り組みの一環として改めて整備し直されているものもある。ここでは、鉄道林の成立から今日に至る変遷について概観する。

時を越えて
森が
鉄道を守る

8.1 鉄道林のはじまり

日本で最初の鉄道林は、1893年に東北本線の水沢～青森間の約40箇所に設置されたふぶき防止林である。この線は1891年に東京～青森間が全通したが、東北北部で頻発する地ふぶきの害のため、冬期間の輸送はきわめて不安定であった。1892年1月14日の東京日日新聞は、『日本鉄道の同線路は有名なる降雪地なれば、過日来より降雪のため列車の運転を停止せしこと二回にも及びしかば、それ以来同会社では、万一中途において降雪のため列車の運転することあたわざる場合を考え、毎日乗客の多寡に応じてブランデーおよび道明寺ほしいい等を積み込んで、汽車を運転しているという。』と報じている。当初、特に地ふぶきの著しい区間の線路沿いに雪よけの板塀や木製の雪覆いを設けることが試みられたが、強風による倒壊や蒸気機関車の火煙による延焼のため効果的な対策とはならなかった。

当時この線を運行する日本鉄道株式会社（日鉄）の経営に参画していた実業家、渋沢栄一は、同郷の後輩で、当時ドイツ留学を終え、財政学ドクトルの称号を得て帰国後間もない若い林学者、本多静六の進言により、地ふぶき防止の決定的対策として、線路沿いの植林帯造成を決断した。本多は、ドイツからの帰途立ち寄ったカナダ太平洋鉄道において建設中の防雪林からこのアイデアを得たといわれている。最初の森林法や保安林の制度が成立する前のこのような早い時期に、鉄道が輸送障害緩和の目的で組織的計画的な沿線造林に着手していることは注目に値する。

渋沢から正式に委嘱を受けた本多は、日鉄の協力の下、さっそく現地調査に着手し、自ら造林計画および作業の責任者役を引き受けて、日本最初の鉄道林造成を実現させた。そしてこの鉄道林創設は、本多静六が弱冠26歳で東京帝国大学助教授となった後、実業分野において手がけた最初の仕事の一つとなった。この時設置された、東北本線（現在の青い森鉄道線）野辺地駅構内野辺地構内の林地には、1940年に紀元二千六百年記念事業として、その線路側の一角に本多静六自身の揮毫になる「防雪原林」の石碑が建てられた。また、1960年にこの林地が鉄道記念物第14号に指定された際には、新たに当時の国鉄総裁十河信二の揮毫による「野辺地防雪原林」の記念碑が設置された。さらに、2004

年には土木学会の選奨土木遺産に選定された。

本多静六はその後、１９００年に東京帝大の初代造林学教授となるが、１９０２年に日本鉄道株式会社、さらに鉄道国有化後の１９０８年には逓信省鉄道庁の嘱託となり、１９４２年にその職を辞すまで、実に48年間にわたって東北地方および北海道地方において引き続き展開される更に大がかりな鉄道防雪林計画の策定および実施に携わるとともに鉄道部内での後進の指導に当たった。

8.2 初期の鉄道防雪林計画

本多とその東京帝大での教え子である防雪林計画の専任技師、山田彦一らによる『防雪林計画案』の最も顕著な特徴は、当時のドイツ林学が理想としたいわゆる「法正林」（生産の保続が完全に行われ、施業目的に沿って林分を伐採して些かも犠牲を生じない森林の状態："Normalzustand"）の概念に基づく施業法を鉄道防雪林に応用した点である。その内容は、次のように要約することができる。

＊防雪林の更新法

1．防雪林の機能保続と経済的な森林経営のために最良の方法を考究して更新を行う。
2．更新法は択伐または帯伐による。
3．防雪林の初期状態と更新計画を勘案して、法正状態への誘導に努める。

＊防雪林の幅

1. 防雪林の有効林帯の最小幅は20間とする*01。これより、2林帯更新の場合の全林幅として40間、3林帯更新の場合は全林幅60間を要する。

2. 線路上の見透し、電信電話柱の設置、および線路上の堆雪の除去のための空間として、線路と防雪林前縁との離れは、3ないし6間を要する。

＊防雪林の樹種：防雪林に植栽する樹種は、東北、北海道の地方別に、防雪の効果に最も優れた甲種（常緑針葉樹）および甲種に比べ防雪効果は劣るが育林の容易な乙種（落葉針葉樹および広葉樹）の各区分を設け、条件、目的に応じて選択する。

＊苗木の養成：東北、北海道それぞれに特設苗圃を設けて防雪林用苗木を養成する。

＊植栽

1. 先ずカラマツなどの乙種樹種を植栽して迅速に森林の形成を図った後（予備林形成）、漸次甲種樹種によって防雪効果の完ぺきな森林へ改変する。

2. 帯伐林の苗木植栽は、苗間4・5尺（線路に最も近い林帯）ないし5・5尺（3林帯の中央林帯）の正三角形配置とする*02。

＊補植

1. 苗木植栽の翌年度に至り5分ないし2割の枯損木が見込まれるが、乙種樹種による予備林形成の段階であれば当該樹種での補植は行わず、後植甲種樹種の間植によって補植に代える。

＊01・02　一間は33分の60メートル、一尺は10分の33メートル

2．乙種の予備林木の間に間植される甲種樹種の苗木の補植には、特段の注意を払うものとし、植栽の翌年はもちろん必要に応じ翌々年においても実行する。

＊手入れ：造林地における手入れの時期は、下刈りが植栽後3年ないし6、7年間、枝打ちが植栽後5年ないし7、8年以降、間伐が植栽後9ないし14、15年以降とする。

＊防火線：機関車の火炎による森林火災の防止のため、防雪林の線路側と外側の両方に幅2間程度の防火線を設ける。

1．標準的な地籍幅員（65～67間）を有する3林帯更新林の場合、伐期令はその2／3令林における樹高が防雪林としての機能要件を満たし、かつ伐期における林木の形質が利用上有利であることを条件として、一般経済林の収穫表等を参考にして決定する。

2．二林帯更新林の場合、特に伐採直後の残存林帯が不安全な状態になりやすいので、伐期令は三林帯更新林の高々2／3にとどめる。

＊敷地取得案：防雪林の敷地は、自律的な森林経営およびそこからもたらされる将来の利益のため、努めて鉄道院自らが取得するものとし、これによりがたいときは保安林編入等の手段を講じる。

この『防雪林計画案』は、1909年4月の鉄道院業務調査会第11分科会に提出されて採択され、その後長期にわたって鉄道防雪林造成の基本教科書としての役割を果たし続けた。

8.3 ふぶき防止林の構成様式と防雪機能

地ふぶきの発生要因として、風速、堆雪表面の雪質および気温などが挙げられるが、一般に雪面上1メートルの高さの風速が4～5メートル／秒、気温が摂氏零下4～5度以下になると地ふぶきが発生しやすくなる。また、風が雪の粒子を地吹雪として運搬できる量は、風速のおよそ3乗に正比例することが知られている。地ふぶきがちょっとした障害物に当った場所で非常に大きな吹きだまりができることがよくあるが、これは、障害物によって風の渦ができるために風速が小さくなり、その分だけ運搬可能な雪粒子の量が減少する結果、運びきれなくなった雪粒子がそこに置き去りにされることによる。

したがって吹きだまりは、風が渦を巻いたり風速が周囲より低下する地表の凹凸部、粗度の高い箇所で発生し易い。線路でいえば、両切り取り区間および除雪によって生じた側雪のある箇所、構造物の背後の区間等である。雪原中の線路は、それ自身の築堤や切土、或いは除雪作業でできた雪堤が風の障害物となって大きな吹きだまりができる。これと全く同じ原理によって、線路の風上側に樹林帯を設けると、風のエネルギーを弱め、風に運ばれてきた雪を林内及び林の周囲に堆積させることによって、地吹雪は線路に到達する前に風速を減じ、雪粒子は林内に堆積するため、その分だけ線路上への吹きだまりを軽減する作用を発揮するのである。

ふぶき防止林は、面積当たり立木本数が多く、個体寸法が大きく、線路直交方向の敷地幅が大きいほど、また樹種では落葉樹より常緑樹の方が効果が大きい。これは機能の原理から容易に理解できる。

本多静六と山田彦一が、鉄道院の『防雪林計画案』に示した防雪林の構成様式の諸要素のうち必要敷地幅を機能上の観点のみからではなく、「林木を安全に更新するの必要」と「優に独立して自ら一個の経済を維持し或いは将来一種の財源たる事」を考慮して、樹林の幅60間を最狭限度としたことは極めて重要な決定であった。実際これがその後の防雪林が技術的のみならず組織および経済の力学に照らしてその存在の保続メカニズムを具備するに至る基礎となったのである。

8.4 ふぶき防止林の普及

野辺地防雪原林では、新植時に1・7ヘクタールの面積に対しスギ21、190本、カラマツ1、000本が植栽されたといわれている。これは、現在普通に行われているふぶき防止林の苗木植栽密度（2、000～5、000本／ヘクタール）と比較すると非常に高い数字で、通常に生育すれば、遅くとも植え付け5年位後には顕著な防雪機能を発揮するようになったと推察される。事実、全通間もない頃の東北本線の乙供・小港間には15箇所、延長5、351メートルの雪覆いが設置されていたが、防雪林の生育にともなって、次第に不必要となり、1901年度から1928年度までの期間にすべて撤去されている。

また、本多静六と山田彦一は、上述の防雪林計画案を策定するにあたり、各地の鉄道沿線の残存自然林の防雪効果についても観察を行い、『彼の奥羽線中、能代～土崎間の如きは、日本海若しくは八郎潟より襲来する暴風雪の為め年々極めて多大の損害を被る所なるも、即ち其大久保～追分間に於ては線路全く松林中を通過するの故を以て、被害極めて少く、只往々一部其伐採未立木地に於て甚しく、吹雪の

図 8.1　ふぶき防止林（青い森鉄道線　野辺地・狩場沢間）

苦痛を感ずるを観るのみ。其他北海道に於ては開墾を免れたる原生林中を通過する区間例えば十勝金山、落合付近、夕張支線等特に幌内停車場付近に於ては、樹林甚だ老齢にして樹間欝閉の度少く且つ切取り地なるに拘らず防雪の効果甚だ顕著なるを観たり。』と述べている。こうして、ようやく防雪林の効果が一般に認識されるようになり、日鉄の東北本線以外にも次々に鉄道林が設置されていった。

日鉄に続いて帝国鉄道作業局が、官営となった奥羽線の全通翌年の１９０６年６月、初めての防雪林を造成している。開通当時の奥羽線の雪害は、東北本線よりさらにひどく、それを防ぐため防雪設備として雪覆いが延長約20キロ、防雪柵が２キロあったが、それでも決して十分ではなかった。そこで、積雪の最も多い楯岡～新庄から防雪林の用地買収、苗木の植え付けが始められた。奥羽本線の防雪林はその構成様式を日鉄の防雪林には範をとらず、ドイツでの実施例にならって敷地幅を地況の如何によらず20メートルとし、表土を剥ぎ取って外側に高さ6尺（1・8メートル）以上の防雪土塁を築いてその内側に、スギを一斉に植え付けるという造成法を採ったが、その大部分は失敗に終わり、1912年以降に至って林幅を60〜80メートルに広げ地況に応じた適樹への樹種変更を行った結果、ようやく東北本線同様、雪覆いや防雪柵の撤去が可能となった。

本多静六や山田彦一は1908年の実地調査の際、奥羽線の防雪林をも視察したはずである。『防雪林計画案』中の次の記述は、その時の所感がもとになったのではないかと推察される。『由之、観之其更新法の如何を問わず、40間幅以内の如き狭少林地に向かって安全なる防雪林を造成するは頗る困難にして、或いは若し之を為し能ふとするも、収支計算上著しき損失を招くに至るべく策の最も拙なるものと云わざるべからず。（途中省略）勿論此等狭少地に対しても彼の蓆張雪塀の効を認むべき植林法なきにあらざるも、是れ極めて姑息の方法に過ぎず。且つ斯くの如き植林法は将来何等収入の目的を有することなく、比較的小額と雖も年々至常の支出を必要とすべき全々不生産的防雪法なれば彼の現存雪覆雪塀等と撰ふ所甚だしからざるを以って今茲（ここ）に之が設計を省略せり。』つまり、帝鉄作業局による奥羽本線における当初の防雪林の狭幅林による構成様式を退けつつ、その失敗をすでにこの時点で予言しているのである。

8.5 北海道北部における過湿泥炭地とのたたかい

鉄道林の造成に関する数多い苦労話の中でも、宗谷本線剣淵・士別間の「深川林地」とその名の由来の主である深川冬至の物語は特筆すべきものである。宗谷本線のうち、和寒以北の１００数キロの区間は、酷寒強風の気候に加え過湿泥炭地のため樹木の生育に全く適さず、元来線路の周辺はことごとく無立木地ないし粗林地であった。１９１５年に防雪林としてヤチダモの植栽が試みられたが、その生育は極めて悪く、冬期間ふぶきの来襲するたびに線路は埋没し、どんなに頻繁に排雪列車を運転しても、列車の立ち往生事故を防ぐことができない有様であった。

この状態を遺憾と考え、立地改良による剣淵泥炭地における鉄道防雪林の完成を決意したのが深川冬至であった。１９２６年4月、名寄保線事務所の林業技手となった後、直ちに泥炭地の研究に着手し、網の目のように排水溝を張り巡らせて地下水位を低下させることによって泥炭の分解を促進する土壌改良法を完成すると同時に、考えられるあらゆる樹種での造林を試み、ついにドイツトウヒによれば防雪林の造成が可能であることを実地に示した。これに勢いを得た深川は、道内有数の強風雪害地帯である宗谷本線抜海駅付近及び天北線樺岡・声問間など、それまで林業の専門家が技術的に不可能と断じていた過酷条件下の鉄道防雪林造成に次々と成果をあげていった。しかし、過労がたたって胸を病み、45歳でその職に殉じた。

深川が亡くなってから半年後の１９４３年9月、札幌鉄道局稚内管理部によって、深川の功績を讃え、その冥福を祈念するため、故人が生前愛情を傾注し、長年手塩にかけた剣淵泥炭地の鉄道林が「深

川林地」と命名され、1966年には旭川鉄道管理局長松田鉄也およびかつての深川の同僚、部下を含む職員一同によって「緑林護鉄路」の文字を刻んだみかげ石の記念碑が建立された。2005年には、野辺地防雪原林と同じく土木学会選奨土木遺産にも選定されている。また、交通新聞に深川をモデルにした秋永芳郎の小説『白き天北の地に』が連載され、1977年に単行本として出版された。

8.6 なだれ防止林の創設と発達

東北本線の全通後、東北本線から日本海側の地方への分岐線である岩越線（現在の磐越西線）、奥羽本線等が相次いで建設されたが、これら東北地方の山岳線区で新たに大きな問題となった自然災害はなだれであった。

明治維新後の日本の山林は、封建時代の山林管理体制の解体と産業の急速な近代化に起因する木材需要の増大によって、伐採収奪と育林保守の平衡が破られて荒廃し、いわゆるハゲ山やボイ山と化するものが続出した。こうした荒廃斜面を多くかかえる地域に線路が建設されていったことが鉄道における雪崩防止設備の整備を急務とし、1912年には奥羽本線南部と岩越線東部（福島県内）に初めてのなだれ防止林12ヘクタールが設置された。

岩越線は、1899年に福島県側の郡山・会津若松間が開通していたが、その後、順次建設が進み、1914年には最後に残された阿賀野川の深い渓谷沿いの津川・野沢間が完成して全通した。当時の新潟・東京間の交通についてみると、信越本線はすでに全線開通していたが上越線の全通にはまだ17年を残していた。岩越線はその全通によって東京～新潟間で従来の信越線経由より3時間の時間短縮をもたらしたため、極めて重要な交通路となった。ところが、全通後間もない岩越線では、早くも、1916年に162件、翌年に81件ものなだれが発生した。これらのなだれは単に回数が多いだけでなく、当時の沿線斜面が荒廃しておりなだれ防止に有効な森林が少なかったため破壊力の大きなものが多く、警戒体制も確立していなかったため、乗客、乗務員、復旧作業員に多数の犠牲者を伴う惨害となった。これを重くみた鉄道当局は、1916～1931年度に200万円の巨費を投じて鋭意各種の防雪設備を設置し、沿線危険地帯はことごとく「たい雪（なだれ）防止保安林」に編入した。岩越線同様、大規模になだれ防止林が導入された線区としては、奥羽本線、上越線、北陸本線、高山線等が挙げられる。

8.7 なだれ防止林の構成様式と防雪機能

なだれは斜面に積もった雪が、人体や設備財産に何らかの危害を与える程度以上の規模で滑落する現象である。なだれ対策には大きく分けて発生の未然防止と発生した後の運動の減勢ないし到達の回避の二つの方法があるが、鉄道林に期待し得るのは主に発生の未然防止である。斜面部位毎の森林のなだれ防止機能は、次のとおりである。

1. なだれの発生源地では、斜面に沿って滑り落ちようとする積雪層に対して樹幹が抑止杭の働きをする。常緑樹の場合には、さらに林冠が直射日光や降雨を遮断して積雪面の変態による不安定化を防ぐ。

2．山腹の反対側斜面から尾根にかけてでは、尾根を越える風に対するふぶき防止林としての効果によりなだれの引き金となる雪庇（ぴ）の発生を抑制する。

3．なだれの走路および堆積区域では林木の幹が滑り落ちる雪に対する減勢杭の作用をする。ただし、ある一定規模を超えるなだれにはあまり大きな効果は期待できない。

防災機能からみたなだれ防止林の林分状態の要件は、第一に、杭として十分な寸法の林木が斜面全体にむらなく密生していること、次いで、その樹種が雪折れに強く深根性の常緑樹であることである。なだれ防止林の造林樹種は、本州では、スギが最も普通で、地域によってはアスナロやヒノキなども用いられる。これらの常緑針葉樹がよく育たないせき悪地等ではケヤキ等の広葉樹が植えられる。

造林樹種の如何を問わず、なだれ防止林の造成では、造林木が斜面の積雪の作用力に耐えられる程度に成長するまでの防護および保育がきわめて重要である。そもそもなだれ防止林を造成しようとする斜面は、なだれの常襲地であるのみならず、なだれのないときでも、積もった雪は重力によって常に傾斜に沿って緩やかに滑り落ち（グライドし）ているため、小さな樹木の幹は倒伏し、根は引き抜かれてしまう。したがって、造林に先だってなだれ発生防止とグライドの抑制のために、柵、杭、階段等の防護工（鉄道林工作物）が設置される。また、植栽には巣植えなど雪折れに強い方法が採られ、降雪期間を通じて幼木の雪起こしが行われる。

更新についても、なだれ防止林では更新伐跡地からなだれが発生しないように細心の注意が必要である。当然ふぶき防止林のような大規模な帯状更新は不可能なので、択伐か規模を注意深く制限した帯

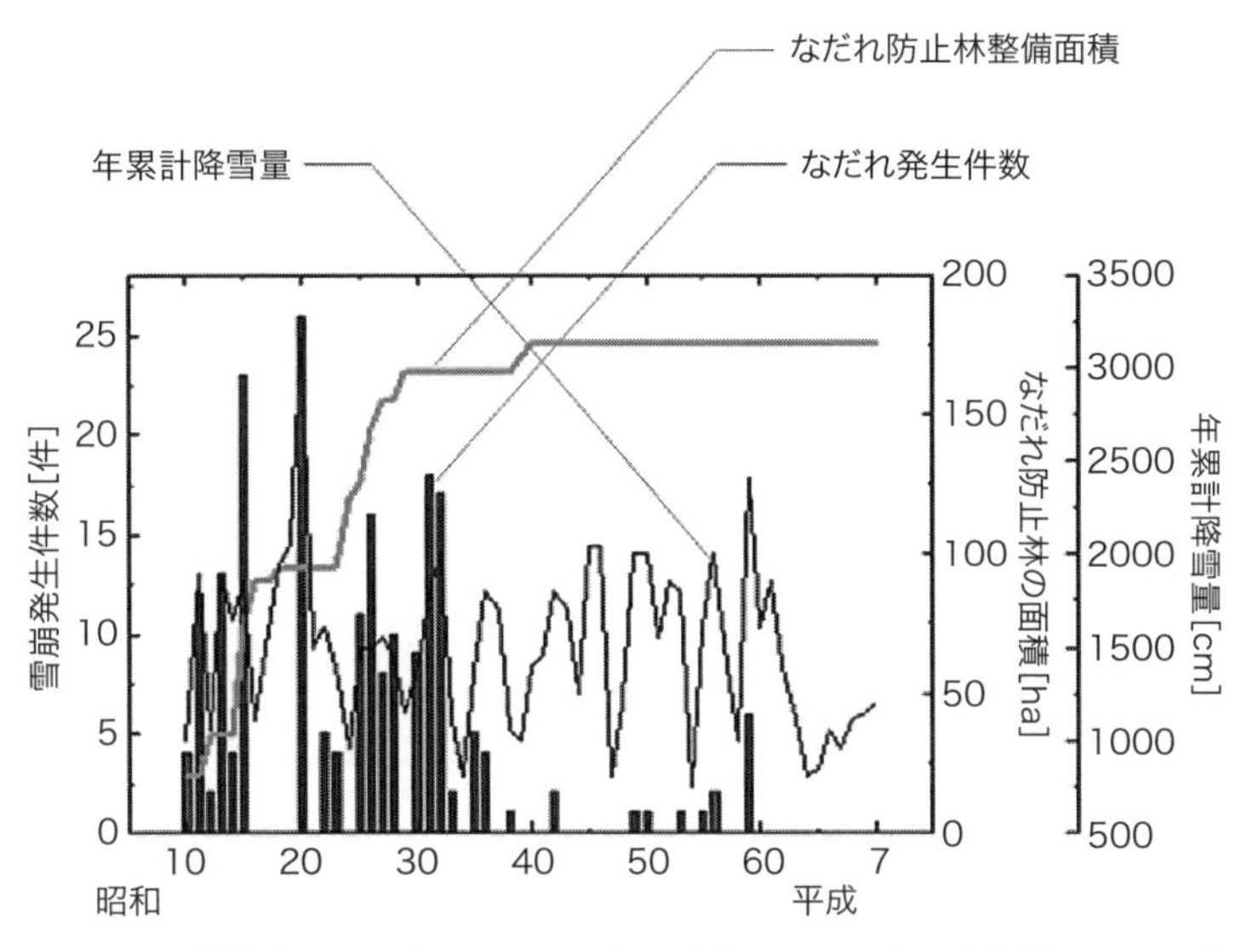

図 8.2 上越線越後湯沢地区における年累計降雪量、雪崩発生件数および雪崩防止林整備面積の推移（出典・参考文献［10］）

伐・画伐による更新が行われる。

なだれ防止林の効果を端的に示す実例として、上越線の場合を紹介する。記録によれば、1931年の営業開始当時、上越線沿線にはハゲ山が多く、線路はたびたび大規模ななだれに襲われた。そこで1935前後から積極的になだれ防止林の造成が進められた。その結果、林木が十分生育した1960年頃を境として、図8・2に示すように、なだれ発生件数は劇的に減少し、最近30年間はほぼ皆無となっている。図8・3は、1937年、なだれ防止林設置前における上越線土樽構内の斜面からのなだれの発生状況である。なだれ防止林植栽後約80年経過した現在、この斜面は図8・4に示すように斜面中腹まではスギ、その上部は広葉樹の樹林に覆われ、かつてのなだれ常襲斜面の面影はない。

図 8.3　なだれ防止林設置前における上越線土樽構内の斜面からのなだれの発生状況（1937 年）

図 8.4　同箇所のなだれ防止林の現況（2018 年）

8.8 様々な鉄道林

飛砂防止林

鉄道が海岸飛砂によって被る被害は、線路への堆砂による脱線や不通、車輪や蒸気機関車ピストン棒、滑棒等の摩擦部の損傷および軸焼け、運転視程障害等である。特に、羽越本線羽後亀田～新屋間付近は、1時間に10センチ以上堆積することも珍しくないというすさまじい飛砂のため、1919年の建設当初において延長511メートルの防砂板塀を設けたが、却ってそのことのために暴風が渦をまいて塀の前側が砂丘となり、その砂丘上の砂が塀を越えて線路に襲来するのみならず、塀の基部が掘られてできた隙間から吹き込む飛砂が線路上に吹き溜まりを作る始末であった。このように、全く失敗に終わった板塀による対策に代わるものとして、古来からの海岸砂防の伝承技術に習い、鉄道で最初の飛砂防止林造成が、羽越本線で開始されたのは1921年であった。

飛砂防止林の造成にあたり、先ず、造林が可能な程度まで飛砂の暫定的な沈静を図るため、波浪による被害を受けないように高潮線から15～26メートルの離れをとって、汀線沿いに葭簀で作った半透過性の堆砂垣を設けた。垣の透過率をうまく選ぶと、砂は垣の風下に頂上をもった緩やかな曲線を描くように堆砂する。このようにして堆砂垣によって人工砂丘を造ると、風下側には、飛砂の少ない場所ができるので、さらにそこに幾重にも静砂垣を張り巡らせてその内部の区画を囲んだ。これらの防護工を施したうえ、約7、600本／ヘクタールの密度の正三角形植えにより、3年生クロマツ及び2年生ニセアカシヤの苗木を混植し、更に苗木一本毎に風よけの藁立を行い、根元の周囲には活着を助けるために藁

を巻いて埋めたところ、苗木の活着は頗る良好であった。そして造林後10年でクロマツは樹高3～4メートルに成長し、以降この区間での線路への飛砂の被害は絶無となった。
羽越本線に引き続き、同じく飛砂の激甚地域であった信越本線の柿崎～鉢崎の区間や、鳥取砂丘にほど近い山陰本線湖山～末恒の区間等でも、飛砂防止林が造成された。

土砂崩壊防止林および落石防止林

土砂崩壊防止林と落石防止林は、設置箇所の山腹から線路へ侵食や崩壊、風化等によって落ちてくるものが主に土砂であるか岩石であるかの違いによって区別されるが、本来の機能においてはほとんど同一のものである。また、なだれ防止林の一部には、土砂崩壊防止林あるいは落石防止林としても重要な働きをしているものがある。
最初の土砂崩壊防止林は、1925年、北陸本線に、また落石防止林は1935年、中央本線に初めて設置された。現在、土砂崩壊防止林及び落石防止林は、設置面積ではふぶき防止林やなだれ防止林ほどではないが、設置箇所は北海道から九州まで全国の線区に及んでいる。

防風林

五能線の日本海沿岸の強風地帯に建設された高築堤区間において、1931年1月、突風による列車脱線事故が発生したことから、この区間に風速計を設置してその観測値により運転規制を行なう体制を整えるとともに、防風柵の設置並びに防風造林が行われた。これが最初の防風林である。林の構成様式は、線路築堤の風上側のり面に平均林幅46メートルでふぶき防止林にならいクロマツの正三角形植栽を行ったものである。

防火林

防火林が最初に設けられたのは、山陽本線において１９４０年のことである。日支事変勃発後、軍用石炭の需要の増大によって機関車用に供給される石炭の品質が低下したため、沿線火災が続出し、鉄道省がその損害賠償に苦慮したことがその由来とされている。当初、市街地用防火樹として用いられるサンゴジュ、マサキ、モチ等によって沿線防火樹林帯の造成を試みたが殆ど失敗し、やむなくカラマツ、ヒノキ、ヒバ等へ樹種の変更が行われた。防火林は、蒸気機関車同様、現在ではその本来の存在意義を失っている。

水害防備林

河川に添う線路に対して、洪水の際の線路・構造物の被害を軽減するため、築堤の護岸林或いは遊水林として設けられたのが水害防備林であり、東北本線南仙台～長町間の名取川橋りょう付近に設置されたのが最初である。

水源かん養林

蒸気機関車時代においては、列車給水のための清浄豊富な水源の確保が運転の必須条件であったが、

自然の水源の確保が困難な場合において、給水地付近での水源確保のために設けたのが水源かん養林であり、1915年に根室本線池田駅構内に初めて設置された。この付近は池田侯が開いた開拓地であるが、泥炭地のため、良質豊富な水源を確保するのが極めて困難な場所であったといわれている。

8.9 鉄道林施業技術標準の制定

鉄道林の設置および維持管理は、生きた樹木を扱うという特殊性もあって、ローカルな勘と経験に頼る技術として受け継がれてきた。それぞれの現場の日常業務をこなしていく上では、それで特段困るということはなかったが、国鉄という巨大組織における本社の担当者の立場で何より困るのは、従事する人数の少ない特殊な分野であり、規範とすべき業務の原則について科学的に記述した技術文書がないため、何か新しいことをしようとしても予算獲得のための説明をいちいち個別の案件ごとにゼロから行わないと納得してもらえないことであった。そこで国鉄施設局土木課では、鉄道林のあるべき姿とそれを実現するための技術的方法を地方や林種によらず統一的な記述方法を用いて具体的に定めた『鉄道林施業技術標準』の制定に取り組み、1985年から施行した。

鉄道林の防災機能の評価、測定方法

従来は、林種（林の防護目的別分類）毎に決めた複数の林況要素（樹高、立木本数密度、林幅、枝下高等）の測定値を点数換算し、その合計点で林の機能を評価していたが、この方法には以下のような難

点があった。

・評価点の根拠や物理的意味が曖昧
・要素の数が多く成長や間伐にともなう評価点の変化の予測が困難
・毎木的にしか測れない要素があるため測定に手間がかかる

これに対し新しい標準では、樹幹密度（林分1ヘクタールあたりの樹幹胸高断面積合計値）によって林の機能を評価することにした。これは以下の理由による。

・林種の別なく同一の指標で評価できる
・指標の物理的意味が明瞭
・指標数値の時系列的な予測が容易
・毎木測定によらずビッターリッヒ法*03による簡易なサンプリング調査で計測可能

また、全国4、000ケ所の林地から林種および機能状態の良否による層別抽出を行って150のモデル林地を選び、これらの林地での詳細調査の結果にもとづいて鉄道林として最低限必要な機能を発揮できる樹幹密度G_0を次表のように定めた。

*03　この方法では、林分内の無作為に選んだ地点iに立って胸高位置で周囲の全立木を視角αの幅のスリットで見透かし、樹幹がスリットより太くはみ出て見える立木の本数をB_iとすると、この測定を何回か繰り返した時の平均値を$\hat{B}$だけにもとづいて、この林分内の樹幹密度を推定することができる。

表 8.1　樹幹密度の下限値

林種	樹幹密度の下限値　G_0（m^2／ha）
ふぶき防止林	$\frac{700}{B}$ ただし、B：林幅（m）
なだれ防止林	$30H$（$\sin\theta - 0.6\cos\theta$）あるいは 25 のいずれか大きい方の値 ただし、H：計画積雪深（m）、θ：斜面傾斜角
その他	25

間伐の管理

植栽した苗木が十分に成長した後において、林木が過密状態に陥って衰弱しないよう、適時に間伐を行なって林分を疎開してやることが必要である。従来の基準では、地方、林種、樹種別の画一的な植栽本数で出発した場合の間伐方法しか示されていなかったが、新標準ではより汎用性のある方法として、林分密度管理図を導入し、間伐実施の数値基準を定めた。

一般的な林分密度管理図の使用方法としては、立木本数密度と樹幹密度から材積を求め、図上で立木本数に対して材積が適正かどうかを林木の生態学的な混み合い具合の指標である収量比数にもとづいて行い、間伐の要否を決定する。鉄道林の場合、樹幹密度は防災機能の指標でもあるので、さらに一歩進めて、樹幹密度と収量比数の許容範囲を同じ密度管理図上に重ね合わせて示すことによって、従来全く別個の問題として扱ってきた林の防災機能の評価と間伐とを相互に関連づけて施業を計画し、実施することが可能となった。

あとがき・謝辞

本来ならば、ここには現在進行中の最新の研究開発や鉄道防災の将来展望に関する一章が書かれているべきなのだろう。しかしいざ執筆にとりかかってみると、本書の各章で扱っているテーマがいかに多岐にわたり、それぞれが奥深いものであるかに気づき、悔しいかな、私一人の力では過去を語るだけで精一杯であり、とうてい将来を見透すところまでは及ばないことを改めて思い知らされた。

それはまあ仕方がないことながら、今こうして国鉄入社以来40年間の経験をたどりながら本書を書き上げてみて、これまでにお世話になった多くの方々のお顔を懐かしく思い浮かべながら、心地よい疲労感を伴うすがすがしい気分にひたっている。

とくに、鈴木隆介先生（地形学）には、四半世紀を超えるお付き合いの中で災害予測の強力な武器としての地形学ならびに体系的な災害地形分類・検索の考え方について、口を酸っぱくしてご指導いただいた。松本勝（空気力学）、鈴木雅一（砂防学）、北川源四郎（統計学）の先生方には、長年の懸案である災害時列車運転規制基準の改良に関する議論の中で、従来、決定論一辺倒だった鉄道の安全確保の方法論に、いかにして確率論的な手法を導入するかという困難な課題への挑戦に強力なご支援をいただいた。村上温さんには、実務をつうじて「土木メンテナンスの心」を骨身にしみるように教えていただいた。舛形勝、小倉雅彦の両氏には、災害時列車運転規制基準という人命に直接関わる技術基準の策定と運用において、「例外なく遵守可能かつ実際に例外なく遵守される」ルールの重要性について耳にタコができるまで叩き込んでいただいた。そして今回の出版を実現していただくにあたり、気象ブックス編集委員の方々と成山堂書店の皆さんには、原稿を何度も査読していただくとともに、いろいろな面でご配慮いただいた。これらの皆様に心より感謝する次第である。

２０１８年６月

島村　誠

【参考文献】

[1] 鐵道省工務局編『防災保線讀本 風水災編』(鐵道技術社 1938)
[2] 塩谷正雄『交通通信と気象』応用気象学大系第8巻 (地人館 1961)
[3] 日本国有鉄道施設局土木課編『鉄路の闘い100年　鉄道防災物語』(山海堂 1972)
[4] 日本国有鉄道施設局土木課編『土木構造物取替の考え方』(日本鉄道施設協会 1974)
[5] 建部恒彦ほか『鉄道防災施工法 (上)』(山海堂 1977)
[6] 秋山芳郎『白き天北の地に』(交通研究社 1977)
[7] 日本国有鉄道施設局土木課編『落石対策の手引き』(日本鉄道施設協会 1978)
[8] 仁杉巌ほか『鉄道施設技術発達史』(日本鉄道施設協会 1994)
[9] 池田俊雄ほか『降雨に対する地盤と土木構造物の防災診断』(山海堂 1995)
[10] 仁杉巌ほか『鉄路の安全を守る 土と水との闘い』(山海堂 1998)
[11] 村上温ほか『鉄道土木構造物の維持管理』(日本鉄道施設協会 1998)
[12] 久保村圭助『鉄道建設・土木「秘話」防災・輸送近代化・新幹線への挑戦の記録』(日刊工業新聞社 2005)
[13] 村上温ほか『災害から守る・災害に学ぶ 鉄道土木メンテナンス部門の奮闘』(日本鉄道施設協会 2006)
[14] 国土交通省鉄道局監修、(財) 鉄道総合技術研究所編『鉄道構造物等維持管理標準・同解説 (土構造物編)』(丸善 2007)
[15] 梅原淳『なぜ風が吹くと電車は止まるのか 鉄道と自然災害』PHP 新書 816 (PHP 研究所 2012)
[16] 鉄道林研究会編『鉄道林 その歴史と管理技術』(交通新聞社 2016)
[17] 本多静六『新版 本多静六自伝 体験八十五年』(実業之日本車 2016)
[18] 鉄道総合技術研究所 防災技術研究部・鉄道地震工学研究センター編『鉄道と自然災害 列車を護る防災・減災技術』(日刊工業新聞社 2017)

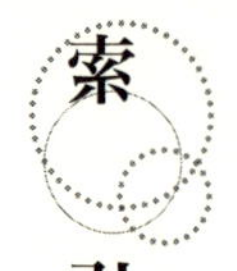

索引

あ行

か行

さ行

た行

な行

は行

ま行

や・ら・わ行

気象ブックスの刊行について

気象ブックスは、私達が日常接している大気現象を科学的に、わかりやすく解説したシリーズです。昔から気象は人間を取り巻くいろいろな分野に関係していますが、人口が増え社会が複雑になるにつれ、一段と大きく人間社会に影響するようになりました。

たとえば、成層圏オゾン量の減少は老化を促進する紫外線を増やし、毎年のように襲来する台風や集中豪雨は、人命と財産を奪います。エルニーニョ現象も一因にあげられる世界的な異常気象は、農業生産や流通業に大きく影響しています。最近は、人間活動が原因とされる地球温暖化や海面上昇が二一世紀の社会にあたえるさまざまな問題点が提起されています。

本シリーズは、これら社会の関心の高い現象を地球環境、学問、社会、文化的側面に分けて、各分野の専門家に執筆して頂きました。子供から大人まで気象に親しみを持つ多くの人達の知的好奇心をみたし、日ごろ抱いている疑問にも答えています。

気象予報士の受験者数は予想された以上に増えていることなど、気象への関心は強まる一方です。本シリーズは社会の要望に耳をかたむけ、手軽に読めるが内容のこい科学書を目指し、企画しました。気象界では前例のない一〇〇冊を㈱成山堂書店から出版いたします。

本企画について、多くの方々から忌憚のないご意見をお寄せ下さるよう願っています。

気象ブックス編集委員会

著者略歴

島村 誠 しまむら まこと

1954年　大阪府生まれ
1978年　東京大学農学部林学科卒業・日本国有鉄道入社
1987年　JR東日本東京構造物検査センター所長
1991年　マサチューセッツ工科大学（MIT）研究員
2006年　JR東日本防災研究所長
2013年　東京大学大学院工学系研究科特任教授
2016年　国立研究開発法人防災科学技術研究所気象災害軽減イノベーションセンター長

博士（工学）
技術士（建設部門）
土木学会フェロー・特別上級技術者（防災）

気象ブックス044
気象・地震と鉄道防災

定価はカバーに表示してあります。

2018年7月28日　初版発行

著　者　島　村　　誠
発行者　小　川　典　子
印　刷　亜細亜印刷株式会社
製　本　株式会社難波製本

発行所 株式会社 成山堂書店
〒160-0012　東京都新宿区南元町4番51　成山堂ビル
TEL：03（3357）5861　FAX：03（3357）5867
URL　http://www.seizando.co.jp
落丁・乱丁はお取り換えいたしますので、小社営業チーム宛にお送りください。

ISBN 978-4-425-55431-7

気象ブックス既刊好評発売中

001	気象の遠近法 —グローバル循環の見かた	廣田　勇
002	宇宙と地球環境	石田蕙一
003	流れ星の文化誌	渡辺美和・長沢　工
004	局地風のいろいろ	荒川正一
005	気象と音楽と詩	股野宏志
006	釣りと気象	長久昌弘
007	エルニーニョ現象を学ぶ	佐伯理郎
008	気象予報士の天気学	西本洋相
009	成層圏オゾンが生物を守る	関口理郎・佐々木徹
010	ヤマセと冷害 —東北稲作のあゆみ	ト藏建治
011	昆虫と気象	桐谷圭治
012	富士山測候所物語	志崎大策
013	台風と闘った観測船	饒村　曜
014	砂漠と気候	篠田雅人
015	雨の科学—雲をつかむ話	武田喬男
016	偏西風の気象学	田中　博
017	気象のことば 科学のこころ	廣田　勇
018	黄砂の科学	甲斐憲次
019	風と風車のはなし —古くて新しいクリーンエネルギー	牛山　泉
020	世界の風・日本の風	吉野正敏
021	雲と霧と雨の世界 —雨冠の気象の科学—I	菊地勝弘
022	天気予報 いまむかし	股野宏志
023	健康と気象	福岡義隆
024	地球温暖化と農業	清野　豁
025	日本海の気象と降雪	二宮洸三
026	ココが知りたい地球温暖化	(独)国立環境研究所 地球環境研究センター
027	南極・北極の気象と気候	山内　恭
028	雪と雷の世界 —雨冠の気象の科学—II	菊地勝弘
029	ヒートアイランドと都市緑化	山口隆子
030	畜産と気象	柴田正貴・寺田文典
031	海洋気象台と神戸コレクション	饒村　曜
032	ココが知りたい地球温暖化 2	(独)国立環境研究所 地球環境研究センター
033	地球温暖化時代の異常気象	吉野正敏
034	フィールドで学ぶ気象学	土器屋由紀子・森島済
035	飛行機と気象	中山　章
036	酸性雨から越境大気汚染へ	藤田慎一
037	都市を冷やすフラクタル日除け	酒井　敏
038	流氷の世界	青田昌秋
039	衣服と気候	田村照子
040	河川工学の基礎と防災	中尾忠彦
041	統計からみた気象の世界	藤部文昭
042	60歳からの夏山の天気	日本気象協会
043	レーダで洪水を予測する	中尾忠彦

◎各巻定価 本体1,600～2,000円(税別)

新刊情報は弊社Webサイトをご覧ください。http://www.seizando.co.jp/